收納大師的超級魔幻整理術

芭芭拉・楊◎編

前言

哪個單身女孩不會被超級帥氣有型的男生吸引呢？更何況這個男生又集合了富有、強壯、有涵養、頭腦聰明等一切優質的條件。本書的男主角大衛，碰巧就是這樣一個幾乎完美的單身「優質男」。書香門第出身的他，從小受到良好的家庭教育，又在少年時就讀的軍校中養成了井井有條的內務生活習慣。可是，早就已經習慣了任何物品都一絲不亂的他，恐怕萬萬也想不到，他在生活中遇見的三位同樣令人心曠神怡的美女，竟然卻都是不折不扣的「邋遢大王」！那麼大衛是如何將個個「腐亂小姐」拯救出亂七八糟的邋遢生活呢？三位個性不同的女孩，又是哪一個真的夢想成真，成功擄獲了這位愛整齊的「優質先生」的真心？

這是一本輕鬆的愛情漫畫，可愛的主角和詼諧的故事情節讓人不禁莞爾，這也是一本規劃教材，裡面容納了各種儲藏、收納、整理的實用方法，還兼顧了設計與風水等有趣的小知識。

妳經常為了找一件憑空消失的東西而把家裡翻得個底朝天嗎？妳總是覺得妳的房間怎麼也不夠大嗎？還是妳根本就不知道該如何讓東西合理收藏起來。也許妳已經在三個女主角的身上看見自己的影子啦！快快跟著做吧！讓自己也成為一個人見人愛的整潔美人兒。書中錦上添花的奇思妙想，更會讓妳不禁感嘆——「原來整理可以是這樣子！」

CATALOGUE

前言 002

1

愛漂亮的亂美人Pola

一、Pola的噩夢 010
二、衣櫥也瘋狂 013
三、抽屜中的飾品巧整理 019
四、皮包裡應該裝什麼？ 023
五、大衛學長 027
六、撕心裂肺的捨棄 032
七、怎樣儲藏林林總總的小禮物 038
八、成千上百個瓶瓶罐罐 043
九、梳妝檯的佈局 050
十、「天！我都買了些什麼！」 056

2

「單親媽媽」Lisa

一、冷凍了一年的冰淇淋 062
二、她們是怎樣整理冰箱的 065
三、三十分鐘整理出可以迎接客人的超整潔房間 074
四、整齊的鄰居 079
五、四個抽屜搞定所有日常用品 084
六、床頭櫃 088
七、廚房物品的擺放 095
八、小小的衛浴空間 101
九、Lisa整理兒童房間 107
十、如何打造整潔的車內空間 113
十一、行李箱的準備 121

2

辦公室女孩柳佳

一、仰慕的上司 130
二、公司裡最雜亂的人 135

CATALOGUE

三、雜物箱 141
四、本子和文具 146
五、證件・票據・卡片 154
六、如何清理個人電腦 157
七、管理帶電線的那些小魔鬼 160
八、書櫃上該放哪些書 165
九、辦公室裡不該出現的東西 169
十、上班用包包 175
十一、好溫柔的聲音 181

4 大衛的時間表

一、預言 184
二、匪夷所思的鄰居 187
三、「桃花盛開」的大衛 189
四、網路上三個恐怖的腐亂女 193

5

Lisa遇見的神祕整理專家

一、巧妙開發空間能源 202
二、讓物品隱形的法寶 211
三、重要物品的儲存 215
四、打掃房間的一二三 219
五、如何應對客人的突然造訪 224
六、物品擺放的風水小知識 226
七、陳列設計的知識 234
八、什麼習慣能讓你保持整潔 240

尾聲

一、同一個人 244
二、再次做客 248
三、妳是哪一種腐亂美人 252

1

愛漂亮的亂美人Pola

一、Pola的噩夢

每一個漂亮女生都應該有上百隻絲襪和數十條漂亮的絲巾，Pola堅信著這一點。Pola愛打扮、喜歡交朋友，是個活潑的女孩，在幾個小時前她剛滿二十歲。今天的Party也許是她二十年來最不想搞砸的場面之一，所以她用力調整著臉部肌肉，果斷的睜開了眼睛，她得早點起床，提前做好最充分的準備！

鏡子裡的自己應該算是漂亮，皮膚嬌嫩水潤又白皙，也許昨天晚上的面膜起了不少作用。眼睛清澈，眼尾自然地輕輕上揚，嘴唇紅潤飽滿，臉頰因為溫暖而泛著淡淡的粉紅色，整張臉顧盼生輝。

三月中旬，天氣很好，外面一片春意盎然。只有微微散亂在肩膀的捲髮才能和這春天的氣息相匹配，也可以讓自己在二十歲生日的時候看起來稍微成熟性感一點，Pola高興地想。雖然房間裡很亂，但是想找到她經常使用的捲髮器應該並不困難，果然，她輕鬆地找到了躺在地板上的粉紅色捲髮棒。接下來的就是等上二十分鐘，她可以趁這個時間給自己刷個纖長的睫毛膏，和上點淡紫色的眼影。八點多了，亂成一團的房間還沒有來得及整理，她期待著媽媽能夠快一點趕過來，幫幫她的「小忙」。

九點，Pola終於開始著手整理自己的房間，但門鈴響了起來，真是好運，她親愛的媽媽趕來為她助威啦！意料之外，來的人竟然是她的那幫「狐群狗黨」！不是明明約好下午兩點的嗎？「姐妹們」會不會來得太早了一點？難道……見鬼，早該想到，那個上世紀的破時鐘早晚要出問題的！可是它偏偏要在這樣重要時刻幽自己一默，Pola一邊詛咒著時鐘一邊像冒著黑煙的小火車一樣在屋子裡東奔西跑，迅速換上衣服，把雜七雜八的雜物暫時統統放進臥室吧！

祈禱一切能夠順利！

「生日快樂！」

「親愛的，妳的腮紅塗得太重了，看起來像是剛剛跑完三千公尺。」

「生日快樂！接著，禮物……」Pola不得不又忙起來，招待客人，切水果，拿飲料，她真希望能抽出時間來打個電話問問媽媽為什麼還沒有到。老天！她突然想到廚房的杯子還沒來得及洗。來的客人可真是多啊！就快要擠滿了整個房間，家裡的沙發並不夠用，她得想辦法弄來點椅子什麼的。糗事總會在你忙亂時發生。

「Pola，可以讓大家去妳的臥室看一看嗎？」Pola並不記得自己什麼時候認識這個女孩，並且還邀請了她。更讓她抓狂的是，那個「可惡」的女孩話音剛落，就已經自動推開了她臥室的門。短暫的沉寂過後，一陣怪叫傳來，可想而知，所有的客人被她的臥室震撼得不輕：臥室四處堆放著髒衣服，食物和空瓶子散落一地，最令人難為情的是，由於太長時間沒有整理，散發出陣陣難聞的霉味……

四肢像剛剛打完架一樣痠痛，Pola用人腦努力地確認了一下，剛才的確是做了個噩夢而已。她的生日已經在兩週前結束了，Party也非常地順利。然而那也真是個令人厭惡的夢，她睜開眼睛，看著自己雜亂的臥室，又想起剛才夢裡的情景，不禁打了一個寒顫，也許，已經二十歲的自己應該即時改掉這個毛病！

Pola沒忘記今天和好友約好要去購物，收拾了大半天，總算把自己打理滿意了。恐怕又要遲到了，

Pola想，她顧不上整理房間，匆匆走出門。在上鎖的時候她回頭看了一眼，忍不住一陣感嘆，自己的房子真是亂得可以，如果有小偷前來光顧的話，說不定他會認為自己遇上了個「二次世界大戰」。

好友冰冰看著自己愣了二十秒，Pola卻非常滿意自己今天的打扮，認為給冰冰帶來了前所未有的驚喜。

「Pola妳脖子上戴的是什麼？如果我沒看錯的話，是一條藍色的……絲……絲襪嗎？」

什麼？

Pola低下頭，倒吸一口涼氣，只覺得後頸汗毛孔直往外滲出冷汗，明明記得自己拿出來的是條絲巾，怎麼會……

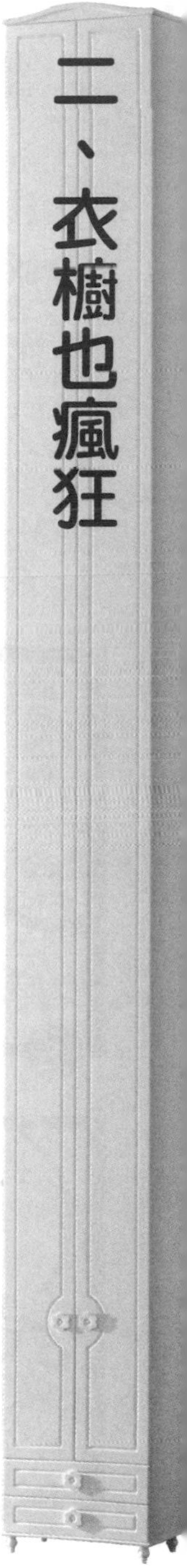

二、衣櫥也瘋狂

乳白色、粉色、紅色、黃色、橙色、綠色、藍色……Pola手裡拎著那件有米字旗圖案的短身夾克，想不出該把它歸結在個色系裡面。

Pola開始準備整理自己的衣櫥，而且衣櫥只是個開始，接下來她還要整理梳妝檯、書架、浴室，甚至雜物籃，她要把每一個屬於她的角落整理好。這位「邋遢」小姐，昨天把絲襪當成絲巾，做夢都夢見自己成了散亂大王，她受夠了！Pola現在周身充滿了神奇的力量與勇氣，她要改變了，變得像個成熟的女生那樣井然有序，變得像個淑女那樣氣定神閒，就算做不成真正的淑女，至少也得像個整潔的正常女孩！

Pola此時在腦袋裡構思著自己改變後的可愛模樣：臥室可以隨時隨地接待客人，而不用在好友來之前拼了老命進行整理；可以隨時隨地找到自己想要找的東西，而不用在出門前把家裡翻個底朝天；可以信手拿來一條絲巾繫在脖子上，而不用擔心那是隻可惡的絲襪；最重要的是，她從此將永遠告別那個像極了動物巢穴、會令她做噩夢的「小窩」。一時間這麼大的改變，她可能會不適應，但是她絕不會放棄，Pola熱血沸騰地想。她要像個偉大的人物那樣，正視自己的錯誤，像個士兵那樣打倒自己的敵人！

集中所有的衣服

Pola有兩個衣櫥，一個是大的白色立式衣櫥，與其他家具配套，上面有五個方形的小櫃子；另一個是細長紅色衣櫥，與自己身高差不多、附帶鏡子。Pola摩拳擦掌打開兩個衣櫃的門，首先把衣櫃裡面的所有東西都通通「請」出來。這不「請」不知道，Pola發現自己真是小看了櫃子的容量。去年冬天過季品熱賣時淘回家的短袖運動裝，現在正好可以派上用場；朋友從俄羅斯帶回來的圍巾，顏色太過鮮豔還有閃亮的金線，Pola覺得自己永遠都不會戴它出門；自己找了一年的天鵝絨長筒襪，原來藏身在那件米色風衣的口袋裡，Pola怎麼想不起來自己為

什麼會把襪子裝進大衣口袋；還有咖啡色的及膝裙、數不清的牛仔褲、貴得嚇人的方巾、便宜的毛線手套等等。不知不覺Pola的雙人床就已經被堆滿，還有另外一個衣櫃，衣服架上掛滿的衣帽，全部清理出來後，Pola的臥室幾乎被堆得密不透風。

Pola從不知道自己的衣服有這麼多，她甚至懷疑就數量上來說派瑞絲．希爾頓的衣服也差不多就是這個樣子了。她知道自己很喜歡漂亮裙子，但是也只是比一般女孩多了那麼一、兩件而已，如今看來，她非常有必要日後少買幾件衣服了。事實上，這一整個房間的衣服看起來足夠她穿一輩子。

把暫時不用的放到上面

她大略為這些衣服分了一下類，然後開始一件一件地給它們重新定義。她把幾乎從沒穿過的與她再也不打算穿的，整理在不方便取放的上層。但這並不像說起來那樣簡單，並不是所有的衣服都像那條花圍巾一樣讓Pola始終不想靠近。更多的時候，Pola自己也分不清楚某件衣服是不是她可能會經常穿的。比如這件她十八歲時穿過兩次的羊毛外套，質料很好，但是樣式有些過時，顏色也略顯老氣，Pola已經整整一年沒有穿過它了，可是誰知道在某一個雨天裡，自己會不會需要這樣的一件深色外套呢？還有那件粉紅色的吊帶裙，雖然看起來太粉嫩了一點，但是配上一件新的外套說不定就會大放光彩。

像這樣拿不定主意的衣服還有好多，為了避免在需要時又找不到它們，Pola聰明得把這些「沒紅起

來」或「過氣了」的衣服又按照其功能分成了五類，分別是外套類、褲類、裙類、上衣類、鞋包類，然後把它們依次放進大衣櫥上面的五個小箱子。這樣即使自己哪一天心血來潮想穿一件「冷門」的衣服，也不至於要把五個櫃子都翻一遍。

大衣櫥裡的衣服按規律掛好

五個櫃子裝好以後，房間裡的衣服幾乎少了一半，Pola開始一件一件仔細掛起正「流行」的衣物。當然，為了方便尋找，這些衣服也是需要分類的。Pola的腦海裡一時之間浮出了N種分類方法：按季節分類，按顏色分類，按功能分類，還是按風格分類？

Pola的衣服風格差異並不大，而且她又喜歡在不一樣的季節混搭穿法，所以Pola在把衣物大致分好上身和下裝以後又把它們按照顏色分別懸掛起來。從左至右，由冷色向暖色，依次為紫色系、藍色系、綠色系、黃色系、紅色系、粉色系，而黑色、白色、灰色，則被放在最右。這樣一來不僅找起衣服方便多了，還可以在搭配時對同樣顏色的其他衣物一目了然。再次打開衣櫥的剎那，Pola看到了像彩虹一樣漸層有色彩的漂亮衣櫥，暗自佩服自己的頭腦。

小衣櫥裡的大學問

現在臥室裡的床終於算是重見天日，可是地板上依舊密密麻麻散布著一些帽子和包包。Pola決定把這些東西都收納在鏡子後面的小型衣櫥裡。方便在照鏡子的時候取出需要搭配的包包或者鞋子。

小衣櫥裡面有不同角度的掛鈎，Pola把飾物按穿戴時的上下順序，整齊地排列進去。最上面的是帽子，然後是圍巾和絲巾和手套，下面是腰帶，然後是包包，最下層擺放著各種顏色、長短不一的絲襪。

當一切大功告成後，兩個衣櫥差不多耗費掉Pola一整天的時間，她把三腳衣架放在客廳，還搬來一個大大的塑膠箱子放在大衣櫥的底端。從今以後，穿過的衣服只掛在衣架上，需要清洗的衣服就暫時放在塑膠箱子裡，衣櫥裡只掛乾淨的服裝。Pola暗自下決心堅決守護自己整理出來的良好環境。

如何為衣物防蛀、防霉？

說起衣物的儲存，防蛀、防霉可是大事，Pola以前也採取過防蛀的方法，都只是停留在扔幾個防蛀包的初級保護，但今天她在網上看到的方法，可以說是職業級的防蛀妙招大全了。有了這些方法撐腰，那可惡的小蟲子再也別想在衣櫥裡為所欲為了！

據網上介紹，羊毛和真絲的衣物之所以被蟲蛀，是因為衣服纖維裡有沒被清理乾淨的細菌，衣物在

穿著時沾染到細菌很正常，但儲存之前，就一定要做好殺菌的工作。清洗晾曬是必然的環節，如果家裡有紫外線燈，最好用紫外線照射來殺菌。在存放的時候羊絨和真絲一定要密封並獨立包裝。

對於驅蟲，除了白色的防蛀包，其實還有很多選擇，比如氣味濃郁的樟腦丸、花椒等物質，都是小蟲子不喜歡靠近的。在儲存時，防蛀用品要與衣服間隔著放，最後用箱子或塑膠布密封，這樣味道才保留得更持久。

有一部分既需要防蛀又必須懸掛的衣物，常常讓人感到很為難，對於這樣的衣物，也有應對辦法。那就是用花椒水噴之，小蟲很怕花椒的味道，所以我們可以煮一點開水，然後在水裡加上幾粒花椒，放涼以後裝在噴壺裡，然後噴灑在晾曬過的衣物上，再曬乾存放。這樣可惡的小蟲子就會自然避而遠之了。

三、抽屜中的飾品巧整理

除了衣服之外，大堆的飾物也讓Pola頭痛不已。Pola的所有飾物一直集中的放在一個大抽屜裡，雖然不會遺失，但每次想找到她要的耳環，不花一些時間是不可能的，她得像母猴為小猴捉蝨子一樣耐心地在她的大抽屜裡翻上好一陣子。而且很有可能她想要戴的項鍊死死纏著另一條，無論如何也沒辦法解開，那姿態大有抵死癡纏的架勢。Pola也嘗試用過漂亮的小首飾架，可是它們的容量實在太過秀氣，滿滿一抽屜的環佩叮噹恐怕十個首飾架也容不下，最痛苦的就是擺在梳妝檯上的首飾架被不小心碰翻在地，妳得彎著腰在地板上趴大半天，說不定哪個易碎的珍貴寶貝就此一命嗚呼了。

戒指

電視節目裡的廢物利用給Pola帶來了靈感，一塊類似海棉狀的東西，裝進淺盒子裡，再橫橫豎豎切開幾個不用很深的刀口，就可以把大大小小的戒指豎立起來插進去啦！如果做得漂亮，幾乎與首飾店裡的盒子不分上下。

Pola準備的物品是三塊超市中就能買到的長方形洗碗海綿，一個日記本大小的禮品盒，還有粉色的絨布。

先把海綿鋪滿盒子，然後有規律地切成五條，之後把五個切好的海綿拿出來，用粉色絨布把它們包好，最後把它們重新塞進禮品盒裡，大功告成！五條海綿之間的縫隙插上戒指，閃閃亮亮的五排，Pola做的盒子比買來的還要好看。

耳飾

耳飾的收納更是簡單，找來一塊薄薄的棉布，容易穿透的絨布也可以。Pola用的就是剛才剩下的粉色絨布，她把布的四周稍稍縫了一下，相當於為這塊布鎖上了一個邊。然後就可以把耳飾扎在布面上固定，小一點的釘狀固定在上面，稍重的固定在下面，環狀的可以放在四周或最下方。

一塊正方型的耳飾展布就此誕生，Pola所有的耳飾都被「釘」在了這塊布上，需要的時候只要拿出來，所有的耳飾一覽無遺，可以隨意挑選，再也不用絞盡腦汁想自己到底擁有什麼樣的耳飾，然後一頭埋在抽屜裡翻找個不停。

鍊飾品

項鍊與手鍊、鑰匙圈等小東西，是最喜歡糾結在一起的，就像打打鬧鬧的一群小狗，扯都扯不開。把它們全放在一個盒子裡是非常不明智的，但一個一個裝進袋子裡又麻煩得很。

人類的想像力和創造力永遠也不能小看，Pola在喝汽水的時候靈光一閃，終於找到了可以解決這些條條鍊鍊的好方法。看到玻璃杯子裡一塊一塊的小冰塊，Pola想到製冰盒，透明的一個格子一個格子緊密排列，大小又剛剛好，用來存放那些愛糾纏的小鍊子真是再好不過。

到超級市場一看，如今超市裡的製冰盒可不僅僅有方形和白色的，各種形狀、各種色彩的製冰盒層出不窮。Pola最後依據她的粉色自製首飾盒的色彩，選了一款與之搭配的奶油色花朵圖案的模具做為鍊子的「家」。

頭飾

髮帶、髮夾、髮箍是Pola最愛的裝飾用品，它們可以讓人看起來可愛或時尚，閃亮亮的頭髮飾品更是不能缺少的必備物品，是讓造型百變的神奇精靈。可是，它們也是最難整理的一批，大小不一，形狀也各異，圓的扁的、長的短的、硬的軟的各式各樣都有。

Pola決定上網尋求一些幫助，熱心的人雖然很多，提出的方法卻讓人不敢恭維，有一位叫做佳佳的女孩建議她把所有的髮飾都戴在某一毛絨玩具的身上。Pola忍不住試了一下，用的是她枕邊的咖啡色小熊，雖然使用和取放時倒是滿方便的，可是毛絨玩具的樣子就有些離譜了，本來可愛的咖啡色小熊被打扮得活像個聖誕樹，在昏暗的床頭燈下身上還折射著五顏六色的光芒，Pola嚇得急忙把飾品拆掉了。

不過Pola仍然將這個方法發揚光大了，祕密武器是一個毛線球，把各種髮飾品按在毛線球上，比小熊節省空間不說，還還原了小熊一個可愛模樣。Pola的毛線球是織圍巾時剩下的，與拳頭差不多大小，

也是乳白色。

Pola用來放裝飾物的抽屜就這樣被整理好了，拉開抽屜再也不見平時一片狼籍的景象，四個分類區域讓尋找也變得輕鬆愉快。因為搭配得好，色彩也十分和諧，看起來整潔又美觀。

四、皮包裡應該裝什麼？

同學聚會

「不如妳明天上午到我家來！原諒我這樣說，上一次聚會妳打扮得實在不怎麼樣。也許這次我可以好好地幫妳打扮一下，晚上我們也可以一起去聚會，怎麼樣？」

「太好了，我也正是這樣打算的，那我們明天見，Pola妳真是個好朋友！」

Pola興奮地掛掉冰冰的電話，已經開始躍躍欲試為冰冰設計起髮型和妝容了，希望自己能把冰冰打扮成聚會中最漂亮的明星。她十分期待明天的同學聚會，期待看見她好些年不見的同學，期待認識新的朋友，也期待聚餐上能吃到超級棒的美味。

「哇～～這太美妙了～」冰冰看見Pola彩虹般的衣櫥，驚訝地大叫起來，「妳簡直是個天才設計師。」

「還有這個呢！」Pola把自己的飾物抽屜擺在冰冰的面前，看到冰冰欽佩的樣子，她就知道自己又要受表揚啦！

「Pola，我從不知道妳這麼有整理的天分！妳以前總是亂亂的，可是現在妳做得和規劃師一樣

好！」冰冰看見Pola整理好的飾品抽屜，既漂亮又科學，比上一次她看見的那一盒子「爛鐵」體面好多。

「之前我也不知道自己原來可以做得很好，其實現在看起來整理也沒那麼困難。」Pola說著就有點控制不住地沾沾自喜起來。

冰冰的皮包

「Pola，我的大小姐，我們已經快要遲到了，妳還要多久？」冰冰一臉超級無奈的來到Pola身邊，十分好奇地看著Pola把一個裝得鼓鼓的斑馬紋小包包裡的所有東西統統倒在床上，然後再一樣一樣地往包包裡塞，粉餅、面紙、吸油紙、口紅、電話……塞到一半，搖搖頭又突然間把所有東西統統倒出來，再重新一件一件的塞回去。

在Pola如此反覆了第五次，並試圖把一個掌上遊戲機塞進她的小包包時，冰冰再也忍不住了，「妳是被按到重播鍵啦？幹嘛不停地重複做一件事情？」冰冰有些丈二金剛摸不著頭緒。

Pola彷彿也要崩潰了，不得不向她的好朋友求救。「冰冰，能不能讓我看看妳的皮包裡裝了些什麼？我搞不清楚到底哪樣東西該帶在包包裡，哪一樣又該被留在家裡。好像每一樣物品都很重要，可是我的包包容量有限啊！」冰冰聽完Pola的表述，把自己的皮包打開與Pola一起一一清點起來。

冰冰今天背的是扁長方形的銀色小包包，大小與 chanel經典的2.55有點像，皮包分為兩層，最外面還有一個拉鍊設計的口袋。Pola發現這個包包看起來雖然小，裝的東西還真是不少呢！

皮夾與鑰匙是必不可少的，手機也放在裡面，還有零錢袋、紙巾、唇膏等等。冰冰把皮夾、手機和零錢袋放在了靠近自己內側的一個夾層裡，這樣就更容易清楚地聽見電話鈴聲，在比較吵鬧的地方也方便感覺到手機的震動。唇膏、鑰匙，還有隱形眼鏡的小盒子，則被冰冰放在了另外一個靠近外面的夾層裡，因為都是比較大件的東西，所以並不用擔心在拿其他東西時它們會被帶出來。冰冰還特別提醒Pola，單獨的鑰匙或重要的紙條千萬不能隨意放在包包裡，一定要找個更安全的地方。面紙則被放在了最外面的外側口袋，這樣拿用起來才特別方便。

Pola的皮包

Pola的斑馬紋小包包比冰冰的小一圈，可是她想要帶的東西卻比冰冰的多兩倍，其實這些東西中，有很多是用不上的多餘物品，所以冰冰開始幫助Pola的包包減起肥來。首先，像掌上遊戲機這樣的東西是一定不需要帶的啦！在聚會上不可能有時間玩；MP3迷你音樂播放器也不需要，那是只有一個人出門時才應該帶的東西；溼紙巾與面紙只要選一樣就好，並不需要兩種都帶上；只出去幾個小時，而且又是晚上，所以保溼噴霧也可以省去。經過簡單的整理後，Pola的眼前瞬間就清爽了不少。

與冰冰的包包不同的是，Pola的小包包並沒有兩個夾層，而是只有一個空間格局，外帶一個外部按

扣的口袋。Pola本以為這下可方便了，只要把所有的東西都丟在裡面就好。沒想到卻被冰冰制止，「所有的東西都堆在一起的話，找起物品來就會非常地麻煩，尤其在包包比較小、東西又比較滿的時候，很容易就出現物品被翻掉之類的現象。」

冰冰建議Pola，如果一定要在小小的包包裡裝很多東西，那麼至少要按照次序有規律的擺放，比如把化妝用品放在右邊，錢與電話放在左邊。按照冰冰說的，Pola就把護手霜、口紅、粉餅和吸油紙放在了小包包裡大致右側的位置，然後把錢包、手機、鑰匙放到了相對左邊的位置。

冰冰還提醒Pola在每次外出回家之後，千萬不可以把包包隨手一丟，衣服隨手一掛，而是要牢牢遵循回家以後的三個小步驟：

一是將剛剛開門用過的鑰匙再放回包包裡或者放在其他的固定地方，這樣就可以永遠避免找不到鑰匙的痛苦。

二是立刻清理包包，如果經常換包包的話，最好把所有的東西都掏出來，如果長時間使用一個包包，那麼也要稍微整理一下，看看是否有需要即時拿出來的東西和下次出門沒必要帶的東西，這有助於防止妳把麵包忘在包包裡一個星期。

三是立刻掏空所有的服裝口袋，不用說，是為了防止妳把不該洗的東西扔進洗衣機。

五、大衛學長

聚會上的帥哥

參加校友聚會是件令人高興的事，能在聚會上遇見帥哥生更令人興奮，如果現在就有一個酷酷的男生，帶著迷人的微笑獨自坐在妳的旁邊，恐怕每一個單身的女生都會像Pola現在這副樣子了。

Pola剛剛與同窗姐妹打鬧玩耍得上氣不接下氣，又在「盛情難卻」的情況下狠命K了兩首需要扯著嗓子喊的歌曲，現在實在是累得不行，趕緊找到一個角落坐下來，拿了兩個雞翅和一杯柳橙汁——先填飽肚子再說。

就在Pola無比飢餓的時候，維納斯突然間給她扣上一朵幸運的大帽子。一位男生從不遠處翩翩走來，像事先約好的一樣，坐在了Pola的旁邊。之所以用「翩翩」這個詞，是Pola覺得走來的這個男生實在太過「養眼」啦！高大結實，既不太瘦也沒有多餘的贅肉，皮膚很白，眼睛漂亮，眼眶深邃，額頭高傲地凸起，頭髮抿在耳朵後面，看得Pola心裡直飄落團團簇簇的櫻花。

「帥哥」自顧自坐下休息，並不矯揉造作。Pola發現他有一點點黑眼圈和散落的鬢角，像個不拘小節的運動男孩，也像一個睿智健談的學者。兩個誘人噴香的雞翅已經被Pola晾在了一旁，現在的她抿著

一小口飲料，偷看一眼「帥哥」，再抿一口，再看一眼，一邊還在自己的小肚子裡盤算，要不要轉過頭跟他主動說點什麼，是說「嗨，你好！」還是「你喜歡運動嗎？」或者乾脆直接把半杯柳橙汁「不小心」撒在他的身上。Pola心裡打著小鼓，既期待「帥哥」的眼角能夠稍微斜一斜，看見旁邊的自己，又害怕他發現自己失態的注視。鬼使神差，Pola突然覺得他彷彿就是自己註定的「王子」啦！

我們是校友

Pola正猜測著該帥哥的年齡，看樣子應該不會比自己小，有二十五歲嗎？或者二十一二？會不會是其他女

生帶來的男朋友，會不會已經結婚啦？想到這裡，她的心臟咯噔一下。

「大衛，好久不見，我以為這次你不會來了啦！」一句響亮的呼喚驚醒了思考中的Pola，再抬頭看見聲音的來源，Pola突然覺得天地光明，世界美好，與帥哥說話的不是別人，正是那惹人喜歡的冰冰。

Pola心裡一陣暗喜之後，立刻打起精神，把體態調整到最優雅的姿勢，然後氣運丹田，假裝不經意又十分甜美的驚呼一聲，「冰冰，我正找妳呢！」

這一嗓子果然奏效，冰冰和大衛聽到聲音後，同時把臉轉向了Pola，而Pola正以標準的淑女姿勢端坐著，一隻纖纖玉手伸在胸前朝冰冰直擺，心底還暗暗地想，這樣的場景如果在舞臺上，就應該把所有的燈瞬間熄掉，然後一束鎂光燈打下來，照在自己身上。Pola今天穿的是白色連身裙，黑色漆皮的短夾克，搭配黑色的淺口鞋和珍珠項鍊，既時尚又端莊，應該會給自己加分喔！

「Pola，妳也在這裡。」冰冰果然很識相的與Pola打招呼，並順理成章的為她介紹大衛。

「這位帥哥是大衛，是早我們一屆的畢業生，我們在學生會認識的，他是我們的學長啦！」

「大衛，這是我的好朋友Pola，　個很可愛的女孩子。」

我愛整潔的女生

有了這樣的介紹做基礎，Pola決定一定要把握好機會。於是顧不得矜持搶先開口道：「你好，大衛，你真是個帥哥，希望我們能成為朋友。」

「妳好，謝謝。」大衛禮貌地回答。

冰冰則被Pola一臉「飢渴」加花癡的表情嚇了一大跳。Pola是典型的牡羊座性格，心裡想的全都顯現在臉上，又天生火急火燎的性格。冰冰太瞭解她的好朋友了，看她那副表情，肚子裡早就猜到八、九分，自己還是用心良苦一下幫幫這個小丫頭的忙吧！

於是，冰冰努力找話題將兩個人拉近距離，三個人你一言我一語，聊得好不開心，年輕的朋友漸漸熟悉，總少不了咯咯咯的笑聲。Pola已被大衛的笑容迷得七葷八素，冰冰也藉機幫好友探聽大衛的口風。「喂，大衛，你工作那麼久還單身，理想中的女朋友

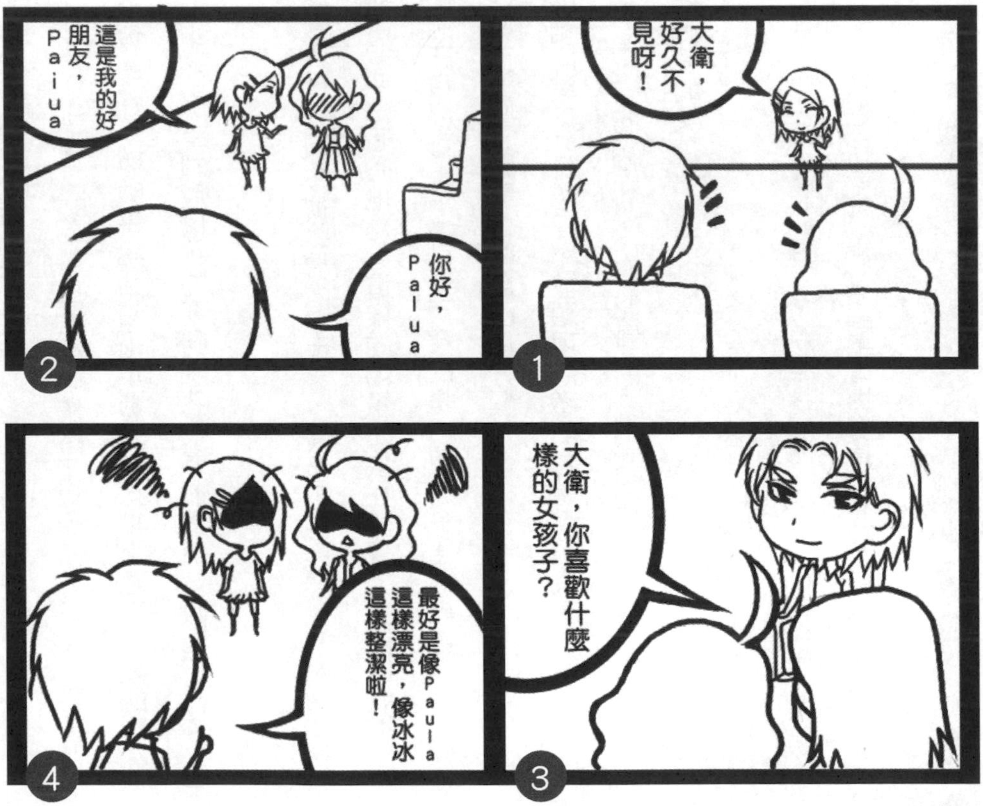

到底是什麼樣子啊？」

大衛笑瞇瞇的信口說了兩句話，「最好是像Pola這樣漂亮，像冰冰這樣整潔啦！」不懂女孩心思的大衛，本想藉機討好一下兩位女士，卻怎麼也沒料到自己馬屁拍在了馬腿上，一句話把兩位女生都打擊了，只見那位Pola更是有點淚眼婆娑的架勢。

三個人悻悻地聊到最後，臨走之前互留了聯繫方式，Pola可憐兮兮地對大衛說再見，可是大衛怎麼看她的眼神都是在說：「我還會再回來的！」表情還無比的詭異。

六、撕心裂肺的捨棄

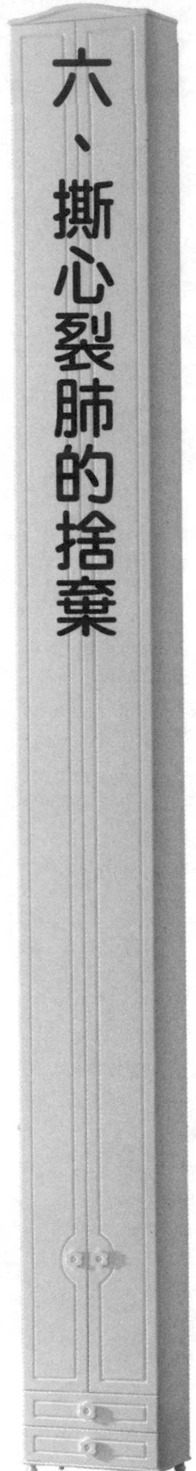

雖然也有整理，但是Pola的家看起來依然亂亂的，好像橫豎都是滿滿的雜物，感覺狹小得不行。其實，只要擺設有規矩就好了嘛！東西隨時可以找到就好，為什麼一定要把家裡搞得像「禿腦勺」？Pola想到這裡就要放棄，可是腦海裡突然響起的那句「……像冰冰一樣整潔……」立刻又堅定了自己的信念。

為了騰出更多的空間，Pola找來了冰冰幫忙。她希望自己能在好友的督促下，完成一次具有「革命性」的規整，從此「棄惡從善」做整潔良民。可是Pola萬萬也沒想到，自己的好友原來是一個如此「殘忍」、如此「暴力」的「精神虐待狂」。

Pola把她那頂黃色小碎花的寬沿太陽帽，緊緊地抱在懷裡，用她平生最最楚楚動人的眼神望著冰冰，希望她能放過這頂價格不菲的可愛帽子。可是冰冰仍然一副不為所動、鐵面無私的樣子，硬生生的把帽子扯過來丟在一個大箱子裡，Pola的心彷彿在滴血。那個箱子裡裝的都是被冰冰定義為「用不著的垃圾」的東西，過兩天就要被冰冰放在網上變賣掉了。

「只有把一切多餘的東西都精簡掉，妳的家裡才能有多餘的空間，而不用堆得到處都是，然後才能獲得一個真正整潔的家，那才是妳真正想要的。來吧！別像個有戀物癖的老太婆，只有我奶奶才把她用過的舊東西都收藏起來。這些東西在網上可以賣出個讓妳滿意的價格。」冰冰說得義正詞嚴，冠冕堂皇。

「可是那頂帽子真的很貴，冰冰。」Pola抱著最後的希望。

「妳又不去夏威夷海灘，這個帽子從妳買到現在還一次也沒被用過呢！」冰冰用一個凌厲的眼神示意Pola不許再說話。

什麼樣的東西才是「多餘物」

那麼大一個箱子，在冰冰的「掃蕩」下，很快就被裝滿了，裡面有衣服、飾品、日用品，也有書籍、光碟片等等，每一個都有它被遺棄的理由。現在Pola與冰冰開始為它們一一拍照片，然後還需要把它們全部彙總在電腦裡以備出售。

「米老鼠的瓷質水杯，大約五百毫升，藍色有蓋；黑色漆皮背包，單肩、雙肩皆可；日本少女漫畫若干套……」

Pola總結出來，被冰冰歸為「多餘物」的東西一般分為下面幾種情況：

1、從來沒有被用過或很少被使用，比如一小部分衣物或電器。

2、以後不會再去使用的，如小時候的玩具和部分書籍。

3、準備更新換代的，如Pola的舊相機。

4、那些對自己無益的，如掌上遊戲機與遊戲軟體。

5、重複擁有很多的，比如Pola已經有三個自己使用的水杯，所以被冰冰強制消減掉了一個，兩把同樣的梳子也「被迫」精簡掉。

找到了這些篩選的方法，Pola下次就可以自己進行清理啦！雖然總結起來才不過五個條件，但是Pola看見自己符合這五個條件的東西還真是不少，在冰冰的幫助下，已經有一個書桌那麼大一堆的「多餘物品」就此現出了「原形」。而此時，Pola家裡的大櫃小桌也早已一掃之前的雜亂擁擠，變得明亮寬敞起來。

「多餘品」的處理方法有哪些

冰冰正在幫助Pola記錄那些需要賣掉的東西，而Pola則在一旁一件件的緬懷起她的舊物。這條破了兩個洞還被果汁染髒了的格子床單，曾經陪伴她度過了整個童年呢！Pola正要依依不捨地把它丟到垃圾桶裡，卻被一旁的冰冰大聲制止。Pola萬分驚訝，這麼個破床單難道冰冰還奢望要把它拿到網上賣掉不成？

看見Pola一臉的迷惑，冰冰開始了諄諄教誨：「並不是所有的多餘物品都需要丟掉喔！除了扔掉還有很多處理多餘品的好方法，可以讓妳物盡其用，做到百分百不浪費。」下面就列舉一些處理多餘品的好方法：

賣掉

實用指數★★★，節約指數★★★★★，方便指數★★★

適用於磨損不大的非消耗品，例如水杯、書籍、皮包等，這些物品被放在家裡長年閒置，但也許對別人來說卻是剛好需要的，把它們一一賣掉不僅能給家裡騰出了空間，還能有額外的收入。網路平臺為這種轉讓，提供了更便利的條件，只需要拍幾張照片傳到網上，就可以期待為自己的「舊物」找個新家啦！

轉送人

實用指數★★★★★，節約指數★★，方便指數★★★★

在打算賣掉東西之前，最好先想想這些東西中有沒有哪一個是妳的朋友正好需要的，尤其是一些電器和數位產品，這類東東貶值得比較快，與其低價賣掉不如做個順水人情。還有那些難以出售的，比如使用過一次的化妝品、由於減肥而捨棄的巧克力等，都可以適當轉贈給妳的密友。相信我，這樣一個貼心的小舉動，可能會讓妳的朋友感動上好一陣呢！

改造

實用指數★★，節約指數★★★★★，方便指數★

這個方法適用於部分「心靈手巧」的女孩，可以用自己豐富的想像力，把廢棄物品加以改造，其效果就要看妳的功底啦！學服裝設計的妳，就可以把剛才那條舊床單改造成圍裙、護袖或者椅墊。還有，可以用廢棄的毛巾做成拖把等等。這樣動手動腦，一方面打發了時間，一方面又節約了物品。

跳樓大捨棄時的必需物品及步驟

看著好友冰冰在那裡滔滔不絕的樣子，Pola一方面努力記下這些方法，一方面也因為冰冰如此「誨人不倦」的幫助而暗暗感動。這次清理的全過程她都記在了心裡，清理的步驟大約如下：

步驟1、逼迫自己找出所有的「多餘物」。

步驟2、想好處理「多餘物品」的幾種方法。

步驟3、把「多餘物」按處理的方法分類裝好，並一一清點。

步驟4、大致列出一個處理進度表，用以督促自己盡快行動。

步驟5、開始一步一步的著手行動，處理多餘物品，並盡力讓它們在規定時間內全部消失。

Pola總結好步驟，正要聚精會神地總結著大清理時所必備的物品，可是這時，她突然看見自己那副

polo的草綠色羊皮小手套，居然正安靜地躺在箱子的角落，天啊！那可是她今冬才購買的新品！Pola躡手躡腳地移動到箱子旁，一個海底撈月把她的小手套攬在懷裡，本想趁冰冰不注意時把它藏起來，沒想到冰冰的火眼金睛早已經落到了她手裡可憐的小手套上。「這可是真正的小羊皮，顏色獨一無二……」她軟磨硬泡使盡渾身解數，企圖讓冰冰放棄「掠奪」，可是鐵面無私的冰冰卻依然不依不饒。

Pola眼看著嫩綠綠的小手套在向她「招手」，立刻吃了秤砣鐵了心，俗話說的好，「愛情誠可貴，友情價更高，為了小手套，兩者皆可拋！」冰冰看見Pola一副吃人的架勢，迫於她的淫威，終於擺擺手表示屈服。不過，她還搖著頭蹦出來一句：「志向不過是記憶的奴隸，生氣勃勃地降生，但卻始終很難成長。」

Pola得意地看著冰冰，心裡總結道：「大清理時，必備的物品應該有：堅定的決心、兩、三個箱子，還有就是——能夠督促和幫助自己的朋友吧！」

七、怎樣儲藏林林總總的小禮物

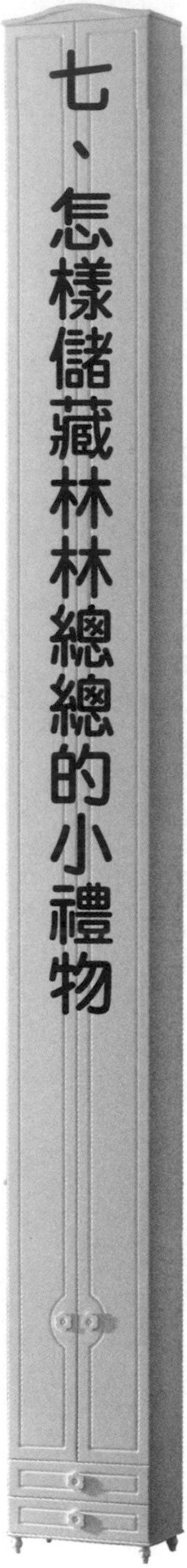

「冰冰，快來幫我看看這堆東西該怎麼整理啊？」Pola愁眉苦臉地望著自己挑選出來的一堆生日和節日時收到的禮物，大大小小的紀念品和顏色繽紛的祝福卡片，它們有的意義非凡，有的很昂貴，但是大多是裝飾紀念類的物品，並沒有很大的實用價值。

既不能在日常生活中使用，也沒辦法把它們全擺在家裡，更不能輕易的丟掉或轉送別人。如果收納起來，又不知道該如何分類與儲存，Pola真希望冰冰能給自己一些好的建議。

建議一：裝飾品與藝術品要合理擺放

冰冰看了一下Pola收到的禮物，其中還是各種裝飾品佔了大多數，有沙漏、存錢筒、相框、毛絨玩具，也有小木雕、裝飾畫等藝術品。而實際上，Pola的家裡卻並沒有擺設任何裝飾用的物品（可能是以前太亂，根本沒地方擺），「如果能恰當的擺放裝飾物品，不僅不會讓家裡看起來雜亂，還可以營造出家居環境的優雅氛圍呢！關鍵是要看擺放與搭配的技巧啦！」冰冰告訴Pola。

首先，要注意裝飾品擺放時的數量。我們稱需要擺放裝飾物品的地方為家裡的裝飾點，通常，一個裝飾點只能擺設一到兩組裝飾物品，多了就會顯得雜亂。而一個一居室的房子，通常會有十五至三十五個裝飾點，例如餐桌、茶几、客廳牆面、臥室窗臺、臥室牆面、書桌等。當然，裝飾點的設置也要根據房間的大小來定奪。

其次，設置裝飾品時，要考慮裝飾物與周圍環境的和諧度，這種和諧度包括顏色、大小、材質和風格。例如：大大的餐桌上，最好擺放稍大一點的花瓶；如果是透明玻璃的茶几，不要擺放大面積、深顏色的菸灰缸或瓶子，那樣視覺上的輕重比例就會失調；臥室的裝飾畫一定要與牆面顏色或壁紙花樣和諧，而且畫面要盡量地輕鬆。當然，如果妳實在掌握不好這些「藝術規律」，最方便的方法就是請一名設計師來幫助妳；如果沒多餘的預算，也可以找一些學習設計的朋友來幫幫小忙，他們會很樂意提供建議的。

還有，冰冰貼心的提示，油畫等染料畫最好懸掛在陰涼通風的地方，貴重的禮品，也應注意避免擺放在陽光直射或容易被碰掉的危險地帶。

建議二：禮物也可以適當送人

有很多人認為把別人送給自己的禮物再轉送他人，是一件非常不禮貌的事情。所以，即使這件禮物有可能是他一輩子也用不到的東西，他還是會留著。

禮物代表了親朋好友的美好祝福，我們當然應該好好珍藏，但是，假如妳的媽媽恰巧需要一個花瓶，朋友們絕不會反對妳「物盡其用」的。只要妳真心對待妳們友情，禮物只是一個表達的媒介，而非衡量妳們友誼的尺規。

那麼，到底什麼樣的禮物是最好不要轉送他人的呢？冰冰列舉了一些，如：十分貴重的禮物、為妳量身訂製的禮物、代表特殊意義的禮物和好友親自製作或標有好友簽名的禮物。除了以上提到的這些禮物不宜輕易送人外，妳大可以適當轉送掉一些禮物，來節省空間。

建議三：賀卡與明信片的整理

從小到大，Pola大概有收到過上千張祝福的卡片了，她把它們收集在一起，一張也不捨得丟掉。而現在冰冰告訴她，這些小卡片整理起來也是有學問的。

如果所有的賀卡與明信片都穿插在一起，混亂無章地堆放，不但日後翻閱的時候不方便，而且紙製品也很容易損壞，所以，規律地擺放並且適當的保護都是十分必要的。為了方便整理與存放，冰冰與Pola把它們大致分為大、中、小三個型號，然後把三個型號的卡片再由上到下按時間順序排好，最後，她們也沒有忘記把整理好的卡片用柔軟的繩子捆綁固定。

其實這樣整理的好處多多，首先，大小一致的卡片基本上性質也是一樣的，比如中型號的大多都是明信片，大型號的大多是音樂賀卡，這樣日後尋找與翻閱起來就很方便。按時間排列的順序也容易讓人賞心悅目，一一翻閱起來，就像是在看一本祝福的日記。

建議四：禮物該如何儲存

上面我們說到可以把部分禮物轉送他人，可是那些不可以轉送，或沒有被轉送掉的禮物，到底該如何去整理與存放呢？它們的大小不一樣，當中有一些十分的珍貴，又有一些是易碎物品。冰冰在這裡也為Pola提出了既周到又方便的整理建議。

冰冰的整理方法中，需要用到的物品是一些舊報紙與一支顏色鮮豔的稍粗簽字筆，還有一個可以做容器的塑膠或紙製的大箱子。禮物是要通通裝在箱子裡的，但不同的是，在裝箱之前，她們對每一件禮物動了些小手腳。

其實方法非常簡單，Pola按照冰冰說的，把每一件沒有包裝的物品用舊報紙包好，只要包得稍微嚴實一些，並不用封口。然後用筆在報紙上寫清楚裡面的東西與送禮物的人和時間等備註，有包裝的禮物可以把備註直接寫在其包裝上，一切就大功告成啦！雖然看起來簡單，但是這個「小動作」日後可能幫上妳的大忙呢！不但方便了尋找，還可幫妳備忘每個禮物的由來。冰冰還貼心地提醒，如果是易碎的瓶瓶罐罐，則可以給它們的「肚子」裡塞滿舊報紙，這樣瓶瓶杯杯就不怕壓啦！

建議五：從自己做起，送些更「貼心」的禮物

人的一生中會度過許多節日、結交許多朋友，試想，如果每個朋友都在節日送藝術品做為禮物，那麼每個人到老年的時候就是收藏家了。所以，冰冰建議Pola從自己做起，在送禮物時改送一些更為「貼心」的東西，久而久之，朋友們會開始感謝妳的良苦用心，而且妳會慢慢發現，朋友送妳的也不再是單一的裝飾品啦！

最in的禮物不僅僅只有裝飾品與藝術品呦，只要送得夠貼心，朋友們會有「還是妳最瞭解我」的幸福感。妳可以送正在戀愛的女生香水；送胖胖的朋友健身卡；為短髮的女孩送一頂長假髮等等，只要為別人設想得周到，妳的禮物也一定會是最受歡迎的。

建議六：記得要偶爾翻閱

現在Pola的禮物們已經被整合的有模有樣啦！冰冰提醒Pola，一定要抽時間偶爾翻閱一下這些禮物，一來可以隨時從中發現用得上的寶貝，二來它們可以讓妳回憶起那些美好快樂的時光。它們會在妳沮喪、悲傷、疲憊的時候，提醒妳還有很多朋友在身旁！

八、成千上百個瓶瓶罐罐

清點浴室裡的護膚用品

如果認為女孩子的浴室裡只有香皂與洗髮乳，那可就是大錯特錯了。看看Pola的浴室吧！各種味道的香精、各種功能的沐浴乳、各種牌子的護膚用品，和各種顏色的彩妝，四個架子也擺不下她的那些瓶瓶罐罐。

眼看著一個整潔寬敞的浴室，就這樣被這些罐罐搞得凌亂不堪，Pola終於打算要管理管理這支邋遢的「部隊」。

首先，就是「清理門戶」，把那些「老弱病殘」和「叛變」了的「隊員」都通通打發掉。例如讓妳過敏的潔面乳、已經過了保存期限的護髮素等等。還有那些不該出現在「隊伍」裡的成員，比如絕大部分的彩妝用品，浴室裡潮溼的空氣很容易使彩妝用品變質，最好還是擺放只有洗澡時才會用到的物品。

其次是「集體整編」。例如Pola的洗髮乳分為去屑、保溼、柔順三個不同功能的三瓶，所以在「清理門戶」之後，Pola依然有必要把被保留下來的瓶罐做一個整編。她抱著一切從簡的原則，每種功能的用品只留下一個，由於是夏天，Pola就選了一套清爽芳香的沐浴用品使用，其餘的都暫時收起充當「後

備軍」。

再次是「規範制度」。無規矩不成方圓，即使是瓶瓶罐罐也需要有個規章制度，Pola為每一個瓶子都規定了擺放的位置，洗髮乳、沐浴乳、潔面乳等每天都要用到又有防水包裝的物品，放在蓮蓬頭旁邊的架子上；卸妝乳、去角質霜等怕潮溼的，就放在鏡子旁的櫃子上；柔膚水、眼霜、乳液、面霜、身體乳等護膚用品，如果放在浴室裡，也要盡量離蓮蓬頭遠一些。到此為止，浴室裡的沐浴用品就算清理好了，但日後會不會一直這樣整齊，就要看Pola的自我約束能力啦！

化妝包的規劃

每一次Pola在梳妝打扮的時候，總有找不到化妝用品的情況出現，不是隔離霜找不到，就是唇蜜不翼而飛了。指甲油、口紅、眼影、睫毛膏就像是長了腿的小動物，會「自己」到處跑。總結起來，Pola發現，那是因為自己總隨手亂放東西的緣故，用完的化妝品被隨手放在一個抽屜裡，下次再用時往往很難想起它身藏何處。

為此，Pola給自己專門配置了一個化妝包。化妝包的選擇也是有講究的，首先就是大小要適合，化妝包如果選太小會塞不下所有的物品，如果太大則會佔去很大的空間，最合適的大小就是在能裝下所有的化妝品的同時，還稍有空間。但化妝包又不能「試穿」，我們如何知道它的大小是否合適呢？Pola想到了一個妙招。在選購化妝包之前，妳可以把所有的化妝用品裝到一個塑膠袋子裡，然後視覺上記住大致的體積，在買化妝包的時候，再把塑膠袋拿出來，與化妝包比對一下，就可以知道這個化妝包是否合適妳要的尺寸啦！

市面上的化妝包也有很多不同款式與不同功能，但如果妳不是專業的化妝師，沒有必要買一個昂貴的化妝箱子，普通的輕便化妝包就足夠用了。需要注意的是，包內的夾層也有千差萬別，如何選擇就要因個人的物品而異了。

化妝包選好以後，就需要把所有的化妝品都裝進去，妳可以把它們分為幾大類。隔離霜、防曬霜、粉底液、蜜粉、定妝粉等是打底類；各種眼影、睫毛膏、眼線液與眼線膏是眼妝類；各種唇彩、唇膏與腮紅等，可以歸為其他類。

只要每次用完這些小瓶小罐後，都把它們放回化妝包裡，以後要再尋找就能輕鬆多了。Pola還細心地把香水放在化妝包的旁邊，提醒自己每次打扮好之後，不要忘記給身體也化妝一下。

外出時應攜帶什麼化妝品

Pola再次化妝的時候，用起這些瓶瓶罐罐真可以說是信手拈來，為了讓自己在出門以後也不落下每一個需要用的瓶瓶罐罐，她還為自己擬定了五種場合出門必備的「美人瓶罐用品」。

一、約會必備

約會時一定不要忘記帶的是香水、保溼噴霧、蜜粉和唇蜜。無論是與同性還是異性朋友約會，兩個人的距離都有可能離得比較近，這時如果有不舒服的味道出現，或者皮膚出了小紋路，可就有些尷尬啦！而且，兩個人一起去用餐或喝東西的機會比較大，所以唇蜜要記得隨身攜帶。

二、室內Party

參加Party的必備物品是亮粉和一些眼妝用品，Party中活動量較大，眼部容易脫妝，即時補妝才能避免「熊貓眼」出現，再適時補點璀璨的亮粉，在閃爍的燈光下保證妳絕對是Party queen。

三、購物必備

在商場血拼的時候，由於大量運動或精神興奮，經常會感覺到熱，所以最好攜帶一小瓶水隨時補充水分和能量，愛洗手的美女們，也要記得攜帶護手霜，隨時保護手部皮膚。其他用品最好是能省則省啦！不然，背著一個又大又重的包包購物，可是很累的。

四、夏日戶外

說到夏天戶外活動，防曬霜是一定不能忘記帶的。因為夏天容易出汗，香體露與香水也要隨身攜帶。戶外運動的時候最好不要化妝或化淡妝就好，不然小心妳的臉會變成調色盤。如果包包裡的空間充足，還可以帶上一瓶頭髮用的定型劑或保溼水，可以讓妳的頭髮在炙熱的太陽下依然水潤，並且能避免產生靜電。

護膚品與化妝品的妙用與巧儲

本來已經「報廢」了的化妝品，竟然也可以是千金難得的寶貝！有關化妝品的廢物改造妳一定沒聽說過吧。其實有很多化妝品是完全可以被變廢為寶，Pola自己總結多年的經驗大家一起來分享吧！這其中還包含了很多可以使化妝品延長壽命的儲存小祕訣呦！

1、過期的口紅可以保養銀飾。口紅是每一位女士的裝扮必備，過了保存期限的口紅在每一位女生家裡都能找到一、兩支，這些廢舊口紅和唇膏千萬不要急著扔掉，它們可是保養銀飾的好幫手呢！口紅裡所含的一種化學成分可以分解銀的氧化物，它對銀能夠起到很好的清潔與保養作用。只要把口紅塗到紙巾或軟布上，再輕輕擦拭你的銀飾，妳會發現戴久了的銀飾品又像新的一樣開始閃閃發亮嘍。

2、睫毛膏乾了可以適當添加VE。睫毛膏由於經常被使用，所以很容易會變乾，一支睫毛膏往往在還剩下半瓶時就已經乾得無法使用了，這就造成了極大的浪費。Pola則有一個應對絕招，那就是在乾的睫毛膏裡添加一點維生素E營養油，攪拌均勻，然後就能繼續使用。VE不但可以稀釋乾掉的睫

毛膏，使它更易著色，還可以為睫毛補充營養使之更加濃密呢！同樣的，乾掉的眼線液也可以用這個方法，真是節約、保養兩不誤。需要提醒的是，在添加時要注意控制好VE營養油的量，通常只要少少一滴就可以了，加多了，睫毛膏的持久性可是要大打折扣的。

3、精華素可放在冰箱裡保鮮。我們都知道，精華素可以說是化妝物品裡最「高貴」的一員，它的營養成分最高，所以一旦儲存不當，也最容易發生變質。曝曬、高溫和潮溼都是它的「天敵」，有一個方法可以同時避免這些難題，為精華素找一個理想的家，那就是冰箱的冷藏櫃。一些眼霜和眼膜也可以被放進那裡，稍稍冷藏的眼膜更有收緊眼部肌膚的功效。不過，在冷藏化妝品時也切忌太涼，不可以讓它們結晶喲！更要注意一定要把它們密封好再冷藏，

誰都不希望在使用精華素時傳來一陣陣食物的味道吧？

4、把大包裝化妝品分裝在小瓶子裡使用。其實所有化妝品在存放時，都要避免陽光直射與潮溼，營養成分高者還要注意盡量讓它們少接觸空氣與皮膚，因為高營養的護膚品其實也是細菌的溫床。如果是大瓶的包裝，可以把它分裝在其他小瓶子裡使用。可不要小看了這個小舉動喔！這樣可以大大減少大包裝接觸空氣的次數，進而減少其受污染的機率，可以使它更長壽呢！

5、閒置的乳液可以擦皮具。市面上花樣翻新的護膚品讓人眼花撩亂，難免有時會一不留神看走了眼。比如太油的身體乳、對皮膚過敏的面霜、味道不喜歡的護手霜，還有剛剛過了保存期限的剩餘乳液等等，手邊有這些東西的話，先不要急著扔掉，它們可是清理皮具的好幫手。一些皮手套、皮涼鞋、皮夾子、皮包、皮衣等物的清理，往往被忽略掉，許多人並沒有想到要去清洗自己的皮夾，實在髒了，乾脆用溼布擦一下就算OK。這時，舊乳液便派上了用場，它們不但比水清潔得徹底，還可以使皮製品更柔軟、更光亮，而且散發出香氣，實在是很好用噢！

九、梳妝檯的佈局

梳妝檯的規則

Pola的梳妝檯總是被各種東西堆放得很滿，簡直可以用密不透風來形容。Pola也不只一次整理過，但是不出三天，梳妝檯又會回到原來的雜亂樣子，令Pola很頭痛。原來，梳妝檯的整理在看似簡單的背後，也有自己的「規則」。

規則一：常用物品一定要放在取放方便的位置。

Pola在整理梳妝檯這件事上，並沒有少花時間，但效果每次都不是非常好，其根本原因就是她忽略了梳妝物品的使用規律，沒有做到「人性化」整理。每次在整理的時候，把所有的東西擺進櫃子裡，然後擦擦乾淨就結束。下一次使用某物品時，依然要把櫃子裡的物品一一翻找出來，沒過幾天，才整理好的梳妝檯就又亂成一堆了。

所以，在打掃和整理梳妝檯的時候，一定要注意把常用的東西擺放在伸手可及的地方，遠遠比把它藏在某個角落要英明得多。

規則二：要充分考慮到桌面的美觀。

梳妝檯是製造美麗的地方，所以它本身也不能太醜陋。建議在選購鏡子和化妝包或檯燈時，要考慮到是否能與梳妝檯的顏色，最好在同一個色系，若顏色差距太大就難免有雜亂的感覺。

通常梳妝檯上是一定設有鏡子的，鏡子能反射空間裡的景象，對空間有拉伸延長之感。若妳的梳妝檯面整潔，鏡子能起到放大空間的效果，使室內看起來更敞亮，但如果妳的梳妝檯也密不透風雜亂無比，那麼鏡子只是讓空間看起來更加的亂七八糟。

規則三：使用過的東西要歸放到原位。

為了時刻保持梳妝檯的整齊，使用過的東西一定要歸放到原位，這樣下一次使用的時候才不會出現亂子。這不僅適用於梳妝檯，對每一個整理好的地方也都要這樣做。整理乾淨只是一個開始，要始終整潔還得靠平時的愛護與習慣，如果亂放東西的習慣沒有改掉，整理得再乾淨漂亮也都成了白費工夫。

規則四：梳妝檯一定要鋪上桌布。

大概很少有人想到需要為梳妝檯鋪上桌布。其實，梳妝檯與餐桌差不多，是一個非常容易被弄髒的地方，一些眼影與乾粉的粉末很容易附在桌面上，噴化妝水與頭髮定型劑時桌面也難逃厄運，如果不鋪設桌布，這些髒東西就都會慢慢在桌面沉積，不但日後很難清理，還會經常弄髒衣服。另外，化妝時用

到的瓶瓶罐罐若不小心被碰倒，桌布還可以起到一定的防滑作用，減少化妝品滑到地面摔破的次數。桌布還可以保護桌面，有防損耐磨的作用。

規則五：有四種物品一定需要擺放在梳妝檯表面。

1、鼓舞人心的字條：據說每天都被誇讚漂亮的人，會越來越美麗，心理暗示的作用之大實不應被忽視。我們可以在梳妝檯上貼上一句自己的優勢或讚美自己的話語，比如「妳的眼睛像寶石一樣迷人」、「妳的身材真令人羨慕」等等，每天梳妝時都看見這樣的讚美，會讓妳更認識到自己的優點，久而久之，妳會比以前更加自信。

2、香水：香水是約會等一切社交必不可少的小道具，可是偏偏有些粗心大意的女生，會忘了這個重要的步驟。把它擺在桌面上可以提醒人隨時注意自己的味道。而且香水瓶子大多十分漂亮，不show在外面，豈不可惜？

3、鐘錶：在打扮的時候不知不覺忽略了時間，而導致遲到，是每個女孩都有的經歷，鏡子面前的時間總是那麼容易飛快流失。雖然遲到是女孩子的特有權利，但為了不讓自己成為惡名昭彰的遲到大王，梳妝檯上最好還是要擺放一個小小的鐘錶。

4、減肥茶：如果妳每每看見自己的臉頰就提不起食慾，如果妳每次穿衣服時都要費好大的力氣才能把自己塞進服裝裡，快在梳妝檯上擺放一瓶減肥茶吧！保證比把它放在其他地方要事半功倍。

規則六：三種東西不應該擺放在梳妝檯上。

1、食物：很多女孩喜歡把零食擺放在任何能看得見的地方，當然也包括梳妝檯，其實這是一個非常壞的習慣。梳妝檯上是絕對不可以擺放任何食物的，最主要的原因是梳妝檯粉塵較多，會污染食物。而且在那裡擺上零食也是沒有必要的舉動，除非妳可以一邊化妝還一邊吃東西。

2、飲料：在檯面上擺放水杯是一件再自然不過的事情，可是唯有梳妝檯上是不可以擺放飲料或水杯的。梳妝檯是我們放置首飾和化妝物品的地方，而很多貴重的配飾和化妝品都怕潮。飲料放在梳妝檯，一旦不小心被打翻，想像一下後果吧！那價值不非的手錶和粉餅，恐怕就要含恨而終了！

3、電風扇：家家都有的電風扇，也常是梳妝檯上必不可少的主角，很多人在使用過後喜歡將它們隨意擺放在梳妝檯的表面，有時甚至只隨手關上開關，連電源都懶得拔下。Pola在這裡告訴大家，那樣的做法是不對的喔！電風扇在每次使用過後都要收藏起來，不可以長時間暴露在外。風筒如果長期暴露在外面，會使裡面的扇葉沾染很多灰塵，導致阻力加大，減少其使用壽命。同樣地，一些電夾板、電捲棒也是一樣，它們的體積也都比較大，放在梳妝檯面也十分不美觀。

成功的梳妝檯須知

梳妝檯的光線

梳妝檯的光線是一個很容易被忽略的重要細節，Pola之前就把這一點完全忽視掉了，化妝嘛，只要能把臉看清楚不就行了，對於光線幹嘛這麼講究呢？直到Pola學習舞臺燈光時，才發現原來光線對梳妝檯是有著重要的意義。

不同顏色和強弱的光能改變物體固有的色彩，暖光照在暖色物體上會使其看起來更濃豔；冷光照在冷色物體上會使其變得淡雅；偏亮的光線會使一切顏色變得鮮豔；偏暗的光線會使一切顏色變得淺淡。而彩妝恰恰是利用各種色彩達到裝扮和調節氣色的效果。如果梳妝檯與妳要去的場所光線差異太大，本來優雅的妝容可就要會變得尷尬了。如果梳妝檯燈光偏暗，那麼在這種光線下畫好的妝容一到室外或強光的場所，就顯得過於濃重了；如果梳妝檯燈光偏冷，帶著在這樣的光線下畫好的妝容去一個冷燈光而且較暗的室內參加Party，那麼妳的妝容就會看起來過於清淡。

一般情況下，梳妝檯的採光可以分為近距離光（檯燈或梳妝檯自帶燈）、藉用室內光、藉用自然光三類。選用時以最貼近活動場合燈光為最佳，若是參加戶外活動，那麼可以把窗簾拉開藉助自然光；如果是夜間聚會，妳的梳妝檯最好開暗一點的暖光。日光燈與節能燈為冷光，燈泡類大多為暖光。

鏡子的選擇

市面上的梳妝檯很多是附帶鏡子的，鏡子與座位之間的距離也是參照大多數人的比例設計。但有近視的姐妹要注意了，這種鏡子妳們用起來多少會覺得不夠方便，所以建議選購梳妝檯時，一定要親自試用，當然使用可移動的立鏡也不失為是一個好的辦法。

除了最常用的主要鏡面，梳妝檯還要備上一個可以單手托舉的輕便鏡子，兩面鏡子前後對照，就可以讓妳也兼顧到自己腦後的「風景」，做一個360度的全視角美人啦！

在抽屜裡放些時尚雜誌

時尚雜誌要放在書架上嗎？不不不！快把妳買來的時尚雜誌拿出來收在抽屜裡吧！在妳猶豫不知該如何裝扮自己時，在妳怎樣搭配都覺得有點彆扭時，這些雜誌或許能帶給妳靈光一現，幫妳解決棘手的問題呢！雖然生搬硬套的方法可能不是長久之計，但是臨時抱佛腳有時還是很管用的。

十、「天！我都買了些什麼！」

煥然一新的家

皇天果然不負苦心人，Pola的家裡現在可以說是煥然一新，不知從什麼時候開始一切都變得井然有序起來。之前家裡最容易忽略的死角，現在也被整理得整潔而有規律。本來看起來狹小擁擠的房間，現在感覺寬敞得可以召開舞會。Pola看著自己舒適的家，心情也在不知不覺中就變得很亮麗。

冰冰拉出好長一條清單，原來這些都是Pola那些「廢物」的身價，沒想到它們竟如此的「暢銷」，雖然每一件在轉讓時都低於購入的價錢，相當於做了很多「賠本買賣」，但將這些閒置品集合起來折現後的數目，還是相當地可觀。Pola從沒想過自己還有著這樣多的「家產」，高興之餘自然不會忘記請冰冰大吃一頓，來犒勞她這位可愛的朋友。

最令Pola感到奇妙的是，雖然家裡被清理掉了很多的物品，但是自己一點也沒有覺得有哪裡不方便或感覺到缺少了任何一樣物品。看來那些被清理掉的果然都是些「用不上的垃圾」，現在Pola甚至有些想不起來她清理掉的都有些什麼東西了。直到現在，她才驚訝地發現自己以前竟買過那麼多的「雞肋物品」。

理性購物

Pola從這一次的整理中得到了啟發，她決心在學會處理和分辨多餘品同時，也要學會如何杜絕多餘物品的到來，亦即「理性消費，精明購物」！到底什麼東西值得買，什麼東西是雞肋呢？Pola從書上學來了一個簡單的小方法，這個方法的名字叫做三個問題，就是說要在購買一件商品之前，對自己提出三個問題，如果對這三個問題的回答都是肯定的，那麼就說明這件商品值得購買，反之則說明也許可以考慮放棄這件商品。這三個小問題分別是：

1、購買這件商品在計畫之中嗎？

2、不買它會為生活帶來不方便嗎？

3、同類物品沒有更好的選擇了嗎？

Pola認為這「三個問題」的方法聽起來還是很科學有效的，所以她會堅持貫徹下去，直到改掉自己心血來潮胡亂消費的毛病。如果妳也有亂花錢的壞習慣，就一起試試這個方法吧！

標本兼治

和治病一樣，治理自己的邋遢生活也需要標、本兼治。整理好物品、擦乾淨地面，只能算做是治標，只有養成整潔的習慣才能算是治本之道。如果整潔的習慣沒有養成，一次大清掃之後不到四個禮

拜，妳的家保證又要原形畢露啦！

養成整潔的習慣並不是一件很難的事情，只要日積月累地不斷修練，任妳是何方古怪的邋遢妖孽，最終也都會修成正果的。有科學家提出，人養成一個習慣大約需要一百天，就是三個月多一點，這跟人體的生理時鐘與循環週期有關。也就是說如果在大清掃半年以後，妳的家裡依然整潔規律，那麼恭喜妳，妳已經修得正果，可以「得道成仙」啦！當然，即使那時妳也要切記不可太過放任自己，時刻警惕別讓好不容易改掉的壞毛病又找回來，否則「神仙」又要被「貶下凡」了！

整潔的好處

也許有人會問，我如此費勁地整理，到底有什麼好處呢？那麼我們一起來看看Pola變整潔後的美好生活吧！

1、節省時間

人人都知道生命寶貴，青春易逝，誰也不想把自己美好的光陰無休止地耗費在找東西上吧！可是Pola以前就是那樣的，「當她尋找鑰匙的時候，時間從鑰匙上過去了；當她尋找口紅時，時間又從口紅上流過去了……」這樣的尋找已經讓Pola無數次的遲到。如果遺失了重要的東西，帶來的麻煩更是數不勝數。如今Pola改掉了這個亂丟東西的毛病，每一樣東西都有其固定的位置，出門之前，她也可以輕易拿出需要攜帶的物品，星星點點累計下來，也節省了不少時間呢！

2、給人留下好印象

Pola的家經過一段時間的規劃與整理，再也不會羞於見人了。現在她很樂意把三五好友約到家裡來坐坐，整潔的環境也為她在朋友面前贏得了好印象。當然Pola也很樂意把自己的整理經驗授予他人，因為這樣，她還在網上交到了兩個也正為整理發愁的好朋友呢！

冰冰笑說：「妳現在終於像冰冰一樣整潔，像Pola一樣漂亮啦！」Pola使勁瞪了冰冰一眼，心裡卻想起那個俊朗的男生，他們互相留過電話號碼，她心裡偷偷地幻想，自己要主動「出擊」嗎？

3、生活輕鬆

每天生活在整潔的房間，與生活在雜亂的房間的心情是絕對不一樣的。在外面瘋一天後，回到家裡，看見自己整潔的臥室和浴室，再疲憊的心也會變得很溫暖。睡在乾淨的大床上，Pola再也沒做過那些瑣碎的噩夢。

家裡的物品擺放規律以後，生活也好像變得有節奏和韻律起來，一切都是那麼的合理，就像一篇優雅的樂章。現在的Pola甚至很難理解自己為什麼不早一點開始這樣的生活。

2

「單親媽媽」

Lisa

一、冷凍了一年的冰淇淋

Lisa想，自己也許真的是太忙了，有一種顧頭顧不了尾的感覺。每天一大堆的事情，就像一個巨大的摩天輪在自己的腦袋上轉來轉去。還記得小時候上學學英文，把「English」讀為「應給利息」的同學，當了銀行行長；讀為「陰溝裡洗」的成了小菜販子；讀為「因果聯繫」的成了哲學家；讀為「硬改歷史」的成了政治家；讀為「英國裡去」的成了海外華僑；而Lisa，不小心讀成了「應該累死」，不知道那是不是一個預示著她現在生活的一個預言。

然而Lisa是成功的，她漂亮、聰明、事業有成。Lisa也是幸福的，有一個喜歡穿水手服和白色運動鞋的小男人每天陪伴著她，總是快樂地在她面前跑來跑去，那是她的兒子——Eddy。Eddy有一頭柔軟的黑色頭髮，皮膚非常白皙，喜歡搞怪，還有一點點倔強，雖然才五歲，但是他已經有了自己的喜好啦！他喜歡穿藍白相間的水手服和白色的球鞋，認為自己穿那樣非常帥氣。

「媽咪我想吃魚，媽咪我們什麼時候去旅行，媽咪我想晚上再去學校，媽咪我自己去冰箱裡取食物了喲……」Lisa不得不承認，有的時候兒子比工作要難纏得多。今天是難得的週末，本想睡個懶覺的她，又被這個可愛的小鬼給吵醒了。

睡眼惺忪的Lisa又在床上趴了一會兒，才勉勉強強睜開一隻眼睛，想看看安靜下來的Eddy現在正在做什麼，不看還好，這一看她立刻暴跳如雷地跳下床衝到Eddy旁邊，一手奪過被吃剩下一點點的冰淇淋。「還沒吃早餐怎麼可以吃這個呢？」Lisa一邊擔心兒子會肚子痛，一邊又想教訓這個小淘氣。「冰淇淋是哪裡弄的？你什麼時候買回家裡的？」Lisa突然想到自己並沒有聽到有開門和關門的聲音，那麼這個冰淇淋是哪裡來的呢？難道Eddy一直在家私藏冰淇淋？

「冰淇淋在冰箱裡找到的，是媽媽買的。」Eddy瞪大了無辜的眼睛，可愛的臉龐一副真誠的樣子，看起來並沒有說謊。可是現在才不過三月份，天氣並沒有熱到需要吃冷飲，Lisa怎麼也想不起自己什麼時候買了冰淇淋啊！突然，一個恐怖的猜測浮現出來，Lisa看了看包裝盒，倒吸了一口冷

氣，果然，這冰淇淋上的生產日期竟然是去年五月份，也就是說，這是自己去年買回家裡的嘍？這可嚇壞了她，忙拉著Eddy詢問有沒有肚子痛，有沒有不舒服！三個小時過去了，Lisa也驚訝於小Eddy的身強體壯，大清早吃了過期的冰淇淋，竟然安然無事，連肚子也沒痛過，緊懸著的一顆心終於慢慢放了下來。

一盒冰品竟然能在冰箱裡放上一年，也就是說，不知不覺自己已經一年沒有清理冰箱了，Lisa對自己的大意十分內疚。打開冰箱一看，果然，冰箱裡的東西被堆放得橫七豎八，雜亂無比，還有兩盒去年的冰淇淋赫然被擺放在角落。那麼，就利用這個週末給冰箱來個大清掃吧！可是如此雜亂的冰箱要從哪裡開始下手呢？Lisa看了半天也沒有頭緒，做家事可一直都不是她的強項。

二、她們是怎樣整理冰箱的

媽媽怎樣整理

Lisa的媽媽是一個超級優秀的家庭主婦，Lisa為有一個如此出色的榜樣而感到自豪，可是她好像並沒得到媽媽的「真傳」，相反地，在家事方面，Lisa和媽媽相差得實在太遠了。為了搞定自己那不堪入目的冰箱，她這次特地帶著兒子跑到媽媽家裡來取經。

Lisa的媽媽看見女兒百忙之中還抽空來看望自己，心裡不知道有多高興，可是女兒和自己打過一聲招呼後，就直奔到家裡的冰箱去了，媽媽想她也許是渴了想取點飲料而已，於是就自己和小外孫玩了起來。這個可愛的小男孩真是個活寶，把外婆逗得一直在笑，轉眼間午飯時間就要到了，Lisa媽媽不捨地離開小外孫打算去準備午飯。

Lisa的媽媽好奇地看著自己的女兒，她正站在廚房裡仔仔細細地打量著自己的冰箱。Lisa的媽媽十分不解，女兒是在尋找飲料嗎？不像！在考慮中午吃什麼？更不像！她實在是忍不住了，開口詢問之下才知道，原來女兒正在偷偷學習自己的冰箱整理術！「早點跟媽媽說不就結了，還省得在冰箱門口站那麼久！」Lisa的媽媽忍不住笑著說。

各種收納籃

「要想把冰箱整理得規規整整，這種大大小小的收納籃是必不可少的。」Lisa的媽媽把收納籃指給Lisa看，她看見每個收納籃裡都放著不同種類的東西，有的專門放水果，有的專門放蔬菜，還有一個籃子裡放滿了各種醬和調味料。這一個個籃子不僅拿進拿出時方便，也真正做到了蔬果分類，尋找或存放時方便極了。

打掃冰箱時，只需要把這一個個籃子拿出來就可以了，清空整個冰箱也用不了兩分鐘的時間。這種籃子一般在超市就可以買到，經濟又好用，不愧是「家事女神」老媽的經驗之選啊！

冰箱去味訣竅

Lisa目光犀利地掃視著整個冰箱的佈局，突然發現如此整潔的冰箱角落竟然堆放著一小堆橘子皮，於是忍不住開始嘲笑起媽媽的大意。沒想到媽媽反而哈哈大笑著解釋，並不是她吃過了橘子忘了扔掉皮，那一小堆橘子皮實際上是用來為冰箱除味的芳香小衛士呢！

媽媽耐心地解釋道，通常冰箱用久了以後就會有一些奇怪的味道，尤其在存放過榴槤之類的水果或一些肉類之後。冰箱裡空間狹小，空氣流通又不通暢，所以採取一些除味措施是非常必要的。而橙皮、橘子皮、檸檬片，都是可以去味的芳香小法寶，方法很簡單，只要將它們處理乾淨後散落在冰箱裡就可以啦！

還有一種冰箱去味的小物品，就是超市裡有賣的去味包啦！去味包的主要成分是活性炭，活性炭有吸附作用，除了可以去味，還有淨化冰箱空氣的作用。

早餐特區

媽媽還為Lisa介紹了一下她冰箱裡的「早餐特區」！所謂「早餐特區」，就是指把所有早餐需要食用的食物全放在一個小籃子裡。每天早晨，只要把這個籃子拿出來就好，省去了每次都要在冰箱裡翻找麵包、果醬、鮮奶、火腿等食物的麻煩。Lisa真為媽媽這個偉大的發明而感到高興，她一定要為自己家的冰箱也設置這樣一個「早餐特區」，那麼以後Eddy每天就可以自己拿早餐啦！Lisa高興的想。

蔬菜的存放

以上幾點都是Lisa用眼睛可以看到的，媽媽還為她介紹了一些眼睛無法看到的冰箱小常識。其中值得一提的是蔬菜的存放，在Lisa媽媽的冰箱裡，蔬菜被貌似不經意地放在冷藏櫃的最下一個隔層裡。

Lisa的媽媽指出，很多人喜歡將買來的蔬菜，用保鮮膜包緊後再放入冰箱內存放，認為那樣會使蔬

菜保鮮更持久。其實那種做法並不十分科學，保鮮膜對熟食與切開的蔬菜、水果能起到保鮮作用，是因為它能防止水果和蔬菜的水分流失。但是沒有被切過的蔬菜和水果的果皮本身就有保溼的功能，再給它們包上一層保鮮膜根本多此一舉，而且還會影響蔬菜和水果的透氣性，使其不能通暢地呼吸，反而易加速氧化。

所以Lisa的媽媽秉持的原則就是順其自然，只要注意不要壓到它們，而且保持住它們的乾爽就好。

把好冰箱的衛生關

冰箱裡存放著各式各樣的食用物品，為了防止病從口入，如何把好冰箱的衛生關就成了一個重要的課題。Lisa的媽媽列舉了幾種需要注意的危險食物，我們一起來看一下。

1、雞蛋殼。雞蛋及其他蛋類的殼上，其實可能含有很多種類的寄生蟲和細菌，因為是從動物體內出來的，又很可能沾染上動物的糞便，所以在放入冰箱之前，一定要徹底清洗。

2、水果皮。不用多說，大部分果皮上帶有農藥和大量的灰塵，雖然這些農藥通常都是微量的，但是在放入冰箱之前，還是把它們洗淨擦乾為妙。

3、飲料瓶子，尤其是在小型的便利店買來的飲料，我們不知道它在被擺上貨架前上面是不是爬滿了蟑螂，所以放入冰箱之前也要稍微清洗一下。

Lisa在媽媽家的取經就這樣告一段落啦！還真是從媽媽那裡學到了不少知識，她真希望自己能盡快學以致用。

姐姐如何整理冰箱

不把冰箱塞滿

Lisa姐姐的冰箱，無論是從款式上，還是儲存的物品上來看，都更加的年輕化了一些。冰箱裡裝的東西也沒有像媽媽家那樣多，食物也都是些速食品或者水果、飲料，冰箱打開以後，裡面看起來空蕩蕩的，不過Lisa的姐姐解釋說，實際上她是故意不把冰

箱裝滿的。

冰箱的空間本來就是相對封閉的，如果再把冰箱塞滿，裡面的空氣就更加不容易流通了。冰箱容量有限，塞得很滿即使排列得再整齊，翻找起來也還是會不方便，所以把冰箱「餵」到七分飽，就成了Lisa姐姐保持冰箱整潔的訣竅。

Lisa經過親身實踐發現，冰箱在七分滿的時候，裡面的物品看起來一目了然，拿起來也特別方便。

打開的食物一次吃光

Lisa的姐姐還自豪地向Lisa介紹，自己保持冰箱整潔還有一大絕招，那就是「不剩下食物」。每一次吃飯她都會盡量把飯菜一次吃完，或者乾脆倒掉，必要時才放入冰箱，並且第二天務必記得吃掉。水果、飲料、熟食也都是如此。由於冰箱裡存放的都是些包裝完好的食物，通常並不擔心食物之間會發生串味的現象。

Lisa並不否認這也許是個好的習慣，但是她並不敢保證自己的胃有那麼大的實力，姐姐則不同，小的時候就很能吃！這個「絕招」可能只適合一些「大胃」人士吧！

冷凍庫的整理（包上紙就不會沾黏）

「為什麼冰箱冷凍庫裡的東西都被包上了報紙呢？」Lisa好奇地問。她看到冷凍庫裡的肉和魚類，有好多都被包上了報紙，可是自己怎麼也想不出來那麼做的原因何在。

經過姐姐的一番解釋，她才明白原來這麼做是為了做間隔。如果把買來的魚或肉直接堆放在冷凍庫裡，這些東西很容易會被死死地凍在一起，想吃的時候砸都砸不開，還要等它們慢慢地融化掉，十分麻煩。但是用報紙把它們分別包好再冷凍，就可以輕鬆解決掉這一大難題啦！原理是報紙可以吸水，把塑膠袋表面的水分吸乾，它們當然就無法凍在一起了。

網友五花八門的方法

為了能把冰箱整理好，Lisa真是做足了功課，在媽媽和姐姐那裡取完經以後，又到網上繼續採納雅言。而網友們熱情給出的方法也是五花八門，不過管用與否，還是需要因人而異的。

定期檢查食物日期

有一位朋友好像很瞭解Lisa的狀況，她說自己也經常邋裡邋遢，以致於常常忘記冰箱裡還有哪些食物。為了保證自己不會食用到過期食品，她給自己訂了一條規則，就是每週二定時檢查冰箱裡食物的日期，即時把過期食物和即將過期的食物分別處理掉，然後再開開心心地懶上一週。這樣就可以避免自己有吃到過期食品的經歷啦！

保鮮膜與塑膠飯盒

還有一位網友為吃不完的剩飯和食物，找到了好的冰箱儲存辦法，那就是利用保鮮膜與塑膠飯盒。這個辦法聽起來有點普通，不過很管用，裝在塑膠飯盒裡的菜容易擺放又不用擔心會串味，第二天加熱的時候還可以直接放到微波爐裡。如果家裡的飯盒不夠用，還可以找一些碗代替，把碗口包裹上保鮮膜，保鮮的效果是一樣的。但是，最好不要把碗裡的食物敞開著放在冰箱裡，實驗證明，切開的食物若不包裹保鮮膜就放置在冰箱內，維生素C就會大量流失掉。

保持冰箱內的乾燥

Lisa從沒注意過冰箱裡的潮溼度，更不曾去刻意打掃凝結在冰箱壁的小水珠，她一直以為那是再正常不過的現象了！冰箱難道不該是那個樣子的嗎？

可是，今天一位叫做DW的網友給她好好上了一課。DW告訴她，雖然冰箱裡面有潮溼氣體是正常的現象，冰箱內壁有小水珠也是常見的情況，不過放任它們不管則是不對的，應該準備一塊乾淨的抹布，隨時把那些小水珠擦掉。冰箱裡應該時刻保持乾燥，溼度不能太高。

從原理上講，陰冷乾燥的地方是儲存的最佳環境，因為乾燥的環境不適合細菌的生存，而較低的溫度則會降低分子的活躍性。如果冰箱裡有很大的溼氣，即使溫度很低，也會有一些嗜冷菌在裡面存活，最後導致食物變質，影響人們的身體健康。所以，時常為冰箱通通風，即時擦擦冰箱裡的小水珠等，都是必要之舉。

三天不買食物法——對付冰箱實在太滿的絕招

網友們的方法也有一些稍稍奇怪了些，但說不定這「偏方」還真能治「絕症」，種種方法是否適合，就要靠自己來判斷啦！

有一位網友就跟Lisa分享了自己治理冰箱太滿的「絕招」，即三天不買食物法，顧名思義，就是每當她覺得冰箱實在太滿的時候，就會下決心三天不買任何食物，只吃冰箱裡的「存貨」。這個方法成本少、見效快，唯一的缺點就是有點對不起自己的肚子了。網友說，她通常第一天還能吃得稍微滋潤，第二天就開始找不到想吃的東西了，最痛苦的是第三天，那個時候冰箱裡通常除了調味料和一些難吃的麵包，就什麼都沒有了。

雖然那個網友屢試不爽，可是Lisa仍然覺得這個方法還是「暴力」了一點，不適合有小孩子的家庭，所以她並不打算嘗試。但收集了這麼多的冰箱整理辦法，對她來說還是有用的，家家戶戶的妙招為Lisa的整理打好了堅實的實踐基礎，也讓她學到了很多有關冰箱的知識，這樣動起手來也就省力很多啦！

三、三十分鐘整理出可以迎接客人的超整潔房間

意外的敲門

Lisa並不相信有天上掉下禮物那樣的美事，但至於天上掉帥哥嘛，那就另當別論了。

晴朗的週末，Eddy正在午睡，Lisa也在享受這難得安靜的下午茶時光，這時一陣急促的敲門聲打斷了她的愜意。打開門上的可視窗，Lisa看見一個十分帥氣的男生站在自己面前，害得她十分後悔自己怎麼忘記在開門之前照一下鏡子，整理一下儀表。

經過詢問才知道，原來這位帥哥就是住在自己樓上的鄰居，在晾衣服時，一件藍色的襯衫不小心飄落，正好掛在了自己家陽臺的防護欄上，於是他就下樓來取襯衫。

Lisa當然很樂意提供幫助，她三步併作兩步來到自己家的陽臺，果然，一件蔚藍的襯衫赫然飄落在那裡。可是襯衫的位置離自己實在太遠，Lisa找來家裡最長的物品——拖把棍，然後盡可能伸長自己手臂，好死不死，偏偏只差那麼幾公分，可是就是搆不著。藍襯衫在原地迎風飄揚，絲毫沒有靠近她的意思，不得已她只好放棄，看來只能讓那位的帥哥自己來取了。

可是這時最大的問題就出現了，Lisa的家由於平日疏於整理，所以現在亂成一團，如果讓陌生的帥

哥鄰居看見自己家現在的樣子，那她以後顏面何存啊！但是衣服又掛在那裡，人也站在自己的家門口了，總不能讓人家現在先回去，明天再來取。

看來唯一的方法就是Lisa爆發一下小宇宙，用最快的時間將房間打掃得稍稍整潔一點，然後請人家進來把衣服拿走。於是，Lisa對她樓上的帥哥講明情況，說自己手臂太短，搆不著襯衫，又推脫家裡有重要的客人，所以請那帥哥大約半個小時以後再過來。

用三十分鐘要把如此雜亂的家收拾得可以接待客人，對Lisa來說實在是一個考驗，然而事情已經到了這種地步，她也只能硬著頭皮開始了她的魔鬼式清理。

客廳

Lisa推測了一下，鄰居從大門進來，到走到陽臺取走衣服，需要經過和能看見的地方，就只有客廳、廚房和陽臺。所以Lisa只需要把這三個地方搞定就可以啦！

Lisa看了一下客廳，到處散亂著各種書報和衣物，茶几上的零食和垃圾悠閒地堆在那裡，好像等著要看Lisa的笑話，而且地板上都是Eddy的玩具和畫冊。最令人頭痛的是客廳一角的書架，那個架子本是Lisa打算用來展示一些裝飾品和藝術品的，後來不知不覺就被擺上了各種雜誌和一些文件，現在整整一個櫃子都橫橫豎豎插滿了各種資料和舊書，難看的不得了。

好在鄰居只來一小下子，這種打掃可以是暫時的，Lisa急中生智再加上平時練就的雷厲風行的職場速度，打掃完一個客廳只用了五分鐘！

她先把地面上、茶几上、沙發上散落的垃圾都扔掉，然後所有的書和玩具都藏到沙發下，散落的衣服和衣架上滿滿的衣物沒有辦法，也暫時到沙發底下委屈一下吧！Lisa心裡暗暗安慰她這些可憐的衣服：「真的就待一下下喔！」然後她開始用抹布以迅雷不及掩耳之勢，把客廳裡大大小小的地方擦了一遍，不求一塵不染，只求大致過得去就行。

最後，她要開始對付那個陳列櫃了，這麼大一個櫃子，櫃門都是玻璃的，裡面不堪的景象一目了然，可是她要是真一一收拾起來，估計兩個小時也搞不定。無奈之下，Lisa靈機一動，把剛剛換洗好的暗紅色窗簾拿來半扇，給展示櫃從頭遮到了尾。效果雖然有點怪，但是還算湊合，遠遠看起來既像一個稍高一點的鋼琴，也像兩個摞起來的古董櫃子，總之現在她的客廳看起來還算不錯。

廚房

廚房打掃起來就沒有客廳那麼簡單了，先是那盆還沒洗過的碗就夠Lisa洗上一段時間了。不過好處是，廚房的櫃子比較多，各種鍋、碗、瓢、盆都有藏身之地。Lisa的原則就是，不論三七二十一，先把能看見的都塞到碗櫃裡，讓它們先消失了再說。

碗放到缽裡，缽放到盆裡，盆再放進鍋裡，然後一起放到櫃子裡，櫃門一關，整潔的廚房已經初露芳容了。不過，想到鄰居走了以後她該如何把這些東西拿出來一一清洗，Lisa難免面露難色，但無論如何還是先應付了眼前再說。

廚房的桌啊、檯啊當然也要擦，但這次Lisa並沒有選用抹布，而是改用衛生紙來擦拭廚房。廚房的桌子和檯子容易有油漬和湯漬，但材質大多是瓷磚或玻璃，只用溼抹布擦一遍會讓它們看起來更髒。所以在沒有時間用清潔劑反覆擦拭的前提下，用衛生紙代替溼抹布是一個不錯的辦法，衛生紙的吸水性較好，不會留下浮水印。如果有一點點水，它吸灰性也不錯，擦起來的效果雖然不能與清潔劑比，但是與溼抹布比是強多了。這樣做也雖然有些浪費，但是如果應急，還是可以一試的。

Lisa還沒有忘記，在整理廚房時順手洗了幾個杯子，這樣她還可以優雅問一下她的客人是否需要喝

杯飲料。

陽臺

Lisa以為自己的陽臺與前兩個地方相比應該會比較容易整理，只要把她晾曬的所有物品都藏起來就好，晾曬的衣服、被子、鞋子可以放進臥室。不過那兩盆已經枯死了的小花，和一個空的鳥籠子（Eddy養的鳥在半個月前飛走了），Lisa實在不知道該如何處理，最後它們還是被Lisa給硬藏在了鞋櫃裡。

而且陽臺的灰塵堆積得還真是有點嚴重，這可是Lisa沒辦法偷懶的地方了，她只能勤勤奮奮一絲不苟的把陽臺擦了個遍，這一來，從她開始打掃到現在，三十分鐘就已經過去了。大概檢查一下自己的「作品」，Lisa還算是滿意，再用香水把屋子裡噴上一噴，一個本來面目全非的屋子，現在至少看起來可以說是完美無缺啦！

四、整齊的鄰居

短暫的做客

Lisa剛剛抽空為自己換上一件衣服，那邊的門鈴就響了起來。Lisa自信的打開門請鄰居進來，原來樓上的帥哥名字叫做大衛，她從來不知道自己的樓上住著這樣一個人，今天可真是算天上「掉」帥哥了。

大衛輕輕一踮腳就取到了襯衫，Lisa果真請大衛留下來喝杯飲料，大衛也欣然接受。最初Lisa只是因為不想浪費自己的「勞動成果」，好不容易才打掃乾淨的房間，總得讓人多看一會兒。可是沒想到她和這位鄰居竟然如此談得來，Lisa也聊的很開心，她也才意識到好久都沒有人來自己的家裡做客了。

不知不覺，兩個小時就過去了，Lisa心想再暢談下去，大衛恐怕務必要留下來吃晚飯，那樣的話，她整潔的家可就要穿幫了，所以趕忙做了結束語，藉口自己要出去，結束了這場小會客。

然而，自己的心情卻變得說不出的愉悅，就連把沙發底下的物品拿出來時整理時，也沒有感到煩躁。

大衛的邀請

昨天大衛的到來可真把Lisa給累壞了，大衛離開後，她又花了兩個小時的時間把一切重新打掃了一遍，即便是這樣，Eddy還是因為醒來後發現自己的玩具被丟在沙發底下而生氣了。

現在Eddy正在與Lisa爭論著他們的午餐，Eddy希望吃披薩，而Lisa堅持說那是營養價值低又容易發胖的食物。門鈴聲響了起來，Lisa和Eddy大眼瞪小眼，這個時間會有誰來呢？

鄰居大衛明媚的笑臉出現在門外，「我想週末妳或許在家，我煮了太多的菜，如果妳中午沒有安排，不如和Eddy一起到我家吃午飯吧！」Lisa很驚訝自己會受到邀請，而Eddy則因為自己的披薩泡湯了而顯得有一點點小沮喪。Lisa當然沒有拒絕這個逃避煮飯的好時機，表達謝意後，便與Eddy換好衣服，從家裡隨意挑了幾塊點心，來到樓上的鄰居家。

鄰居的家

一進門就有一陣百合花的香味迎面撲來，大衛家裡的整潔把Lisa嚇了一跳，自己昨天拼命整理過的房間與大衛的家比起來，簡直就是一個破爛的小茅屋。同樣大小、同樣格局的房子，竟然能有這麼大的差距，Lisa還真是有點不敢相信。她決定仔細觀察大衛家的每一個角落，搞清楚屋子如此整潔的祕密到底是什麼。

大衛的鞋櫃

大衛取拖鞋的時候，Lisa看見了他的鞋櫃，裡面不過三、五雙男鞋，拖鞋都一字排開擺在鞋櫃的最下方。而Lisa想到自己家的鞋櫃，上上下下堆滿了她一年四季需要穿的鞋子和Eddy的兒童鞋，看起來十分擁擠。

裝潢的色彩

大衛的裝潢大部分是由白色和乳白色構成的，看起來溫馨又開闊，客廳的牆壁上掛了一幅很大、顏色鮮豔的裝飾畫，再也沒有其他多餘的裝飾物品了，沙發也是乳白色的。Lisa想這樣的色彩以及統一的色調，可能是讓屋子看起來格外整潔的元素之一，她還

故意趁他不注意時往沙發底下看了看，但是那裡並沒有任何東西！

不一樣的客廳

Lisa家的客廳與大衛家的格局幾乎是一模一樣，可是不同於自己家客廳的擁擠與狹小，大衛家的客廳看起來非常寬敞開闊，如果沒有親眼看到，Lisa怎麼也不會相信陳設原來可以給空間帶來那麼大的改變。經過Lisa的仔細觀察，她總結出了幾個造成差距的主要原因：

一是物品的擺放，大衛家的物品都收納在櫃子裡，即使擺在表面的，也被擺放得整齊而統一，所以使空間看起來非常的自然流暢。而Lisa家裡的物品散落得到處都是，視覺上非常礙眼。

二是光線與照明，大衛家的客廳窗簾質地薄、透光好，使整個空間看起來通透輕鬆，而且客廳的燈光是偏強的冷光，給人乾淨明亮的感覺。Lisa客廳的窗簾則是厚重的橙色，材質是完全不透光的麻布，客廳的燈光也是不怎麼亮的暖色，雖然給人溫馨的感覺，但是這樣的色彩難免會讓空間看起來狹小又擁擠。

三是鏡子的妙用，大衛的客廳裡鑲嵌著一塊被擦得十分亮的鏡子，鏡面乾淨得甚至讓Lisa以為那是另一個屋子。Lisa想這塊鏡子肯定也起到了擴大空間的作用。

廚房

午飯很快就準備好了，Lisa和Eddy來到餐桌前坐下，廚房裡的所有家具都閃閃發光，餐桌上有鋪設桌布，紙巾也被細心地擺放在餐具旁邊。餐桌上的飯菜真是豐盛，餐具也都跟新的一樣，Lisa真的很難想像，這個能煮飯的男生，平時的生活到底有多整潔！

用餐之前，還沒等Lisa開始感謝，旁邊的Eddy就已經誇讚起了大衛的能幹。午餐大家吃得都很開心，Eddy十分喜歡吃一道叫什錦攤雞蛋的菜，大衛則滔滔不覺地和Lisa聊著電影、音樂、運動和藝術，Lisa一邊照顧著Eddy，一邊應和著大衛，還一邊思考著大衛究竟是如何把房間保持的如此整潔的。

也許打掃房間花掉了大衛很多的時間，Lisa猜想。可是大衛也是需要每天上班的啊，要忙的事情並不比自己少。不管怎樣，她還是決定以後要好好整理一下自己的家，既然別人能夠做到，自己為什麼不能！

五、四個抽屜搞定所有日常用品

是什麼最容易讓家裡凌亂

衣服可以收納進衣櫃，書本可以擺放在書架，食物可以放在冰箱裡。那麼到底是什麼東西把我們的家搞得無處落腳呢？

Lisa發現，總有這樣一些東西，它們經常被用到，但是從沒有固定的擺放位置；它們沒有明確的歸類，但在哪裡出現都不足為奇；它們可能並不是每天必用，但家裡絕不能沒有；它們非常容易被忽略，卻又非常容易被四處尋找。它們就是通常人們所說的日常用品！

日常用品包括的東西真是太多了，大到按摩儀器，小到剪刀、針線，都是家裡必不可少的能工巧匠。但是它們的存放卻成了Lisa家裡的大問題！如果把它們都集中在一起，家裡沒有那麼大的空間，即使真的全集中在一起存放，大大小小的東西尋找時也不太方便。如果把它們分開存放的話，因為物品真的是太多了，很容易就會在下一次使用時忘記它們上一次的存放地點。沒有辦法，Lisa只有把它們盡量擺在明顯可以看得見的地方，就這樣，本來是家庭小幫手的日常用品，也成為了美觀家庭的破壞者。

百貨商店得來的靈感

Lisa今天來到一家老百貨商店，一樓的格局為Lisa帶來了啟發。百貨商店把一樓分為四個區域，分別是電器、裝飾用品、日用品和衛生用品，這正好囊括了讓Lisa發愁的所有日常用品，而且分類既準確又清晰。所以Lisa想，何不把自己家的日常用品也按照這四個分類給規劃起來，這樣以後無論是使用還是尋找起來都會方便得多！

Lisa很快收拾出四個抽屜，想在一個櫃子裡找出四個空抽屜是不容易的，但是如果是分類存放，Lisa可以讓四個抽屜分布在家裡不同的位置，這樣，在整整一間房子裡找出四個抽屜就不是一件難事了。如果妳實在找不到空的抽屜了，用幾個空盒子代替也是可以的。下面，Lisa就開始把所有的日常用品分類存放。

電器

用來裝電器類的抽屜或盒子，最好大一點，它必須是四個抽屜中最能裝的那一個，因為電器較裝飾品及其他日用品來說，通常都比較大。但是這裡說的電器，都是指小型的常用通電設備，並不包括冰箱、電視等等，沒有人要把那些東西裝進抽屜裡。

家中常用的可以收納進抽屜的電器有很多，比如小型收音機、手電筒、小型按摩器、不經常使用的遙控器、備用接線板等等。之前Lisa家的這些物品可都是放在平面的，仔細想想，妳家裡的這些物品都

放在哪裡呢？

裝飾用品

收納裝飾用品的抽屜，要根據家裡的裝飾用品種類來定。如果家裡閒置的裝飾用品大多是一些無法捲起的裝飾畫，那麼這個抽屜恐怕就需要準備大一點了，否則，一般的抽屜就足足夠用。

Lisa的家就沒有閒置的硬裝飾畫，她放在抽屜裡的家居裝飾物品，都是偶爾要用到的一些小東西，比如：杯墊、耶誕節彩帶、閒置的相框、工藝品、桌布等等，只要是裝飾類的就可以放在這個抽屜裡。

收納這些東西的抽屜，被Lisa安排在客廳，把上面說的那些東西裝進抽屜以後，抽屜還有很大的一塊空間，Lisa在考慮要不要把牆上繁多的掛飾取下一、兩件來裝在抽屜裡。

日用品

日用品的抽屜當然也被安排在客廳，這些東西說多不多，說少還真是不少。剪刀、膠帶、蠟燭、燈泡、裁紙刀、有客人來才會用到的菸灰缸、備用電池……等，這些小日用品最容易在家裡和你玩捉迷藏，在需要用它們的時候它就躲起來，當把它忘記的時候它又會突然間出現在面前。這次Lisa一次把它們集中，然後關在這個特定的抽屜裡，以後就再也不愁它們會東躲西藏了。

因為Eddy的原因，Lisa把這個抽屜安排在很高的位置，以避免刀和剪子之類的尖銳物品誤傷到他。Lisa在這裡也提醒有小孩子的家庭，一些裝有危險物品的抽屜或盒子要盡量放置在高處。千萬不要以為把尖銳物品放到抽屜裡就是安全的了，小傢伙們的好奇心總是非常旺盛，他們可能趁大人不在，把每個抽屜都翻個遍呢！

醫藥衛生用品

跟商場的分類稍稍有點不同，Lisa把單純的衛生用品改為了醫療及衛生用品。裡面可以存放一些消毒用的酒精、紗布、脫脂棉和各種常用的藥物，當然位置也要放在小Eddy無法搆著的、較高的地方。

一些生活經驗較少的年輕人，常常不知道家裡需要準備一些什麼樣的藥物和衛生用品，Lisa也是前不久才從媽媽那裡抄了一份常備藥物的清單，如果妳的家裡現在還沒有一個完美的醫藥箱，那麼希望這份清單能幫上一點點小忙。

１、非藥物的必備：脫脂棉、紗布、棉棒、ＯＫ繃。

２、常用外用藥物：紅藥水、碘酒、燙傷藥膏、口腔噴霧、紅花油、眼藥水。

３、常用內服藥物：感冒藥、消炎藥、止痛藥、止瀉藥、止咳藥。

除了以上那些必備之物，家裡的藥箱還應根據個人身體狀況的不同，添置不同的藥物，比如腸胃功能較差的朋友要適當添加胃藥。而且不要忘記，雖然藥物的保存期限都比較長，約一到兩年不等，但也需要經常注意藥物的有效日期，尤其是在食用藥物之前。

六、床頭櫃

床頭櫃上擺什麼，決定了你的短期運勢

床頭櫃是睡覺時離我們頭部最近的儲物空間，而人在熟睡時磁場都比較弱，最容易受到外界磁場的干擾，所以，床頭櫃上面擺放的東西，很可能會對我們產生潛移默化的影響，甚至改變健康、事業、情感等方面的運勢呦！

從科學的角度看，在床頭櫃上的物品，可能正好是最經常使用的東西，這也就預示了妳短期的生活狀態。那麼，我們就一起來看看各式各樣的床頭物品，分別會給我們帶來什麼樣的影響吧！

手機——亞健康：喜歡把手機擺放在床頭櫃上的朋友們要注意了，這樣的擺放可能會使妳的身體過度緊張，休息不充分，而造成亞健康。手機的磁場和輻射都非常強，即使在白天，也容易使人緊張或興奮，更不要說在毫無防備的睡眠中了。徹夜不關機那就更糟糕了，拋開輻射不談，突然的電話鈴也足以把睡眠中的妳嚇一跳，消耗掉妳大量的精神！如果妳最近的夢都比較焦慮，那麼快把手機從床頭移開吧！或者關機放在床頭櫃的抽屜裡也可以。

書——清閒：如果妳的床頭櫃上最近有擺放書籍，那便預示著妳即將過上一陣清閒或是心情豁達的時光啦！但是注意是書籍而不是文件或宣傳冊子。紙製的書籍本身就有安撫心靈、平定情緒的作用，把它放在妳伸手可及的地方可以讓妳更有安全感和歸屬感。

花——神經質敏感：花在五行中本屬陰性，即陰氣太重，比較不適合在夜晚擺放在床頭，否則會容易使人變得敏感而神經質。但也有其因人而異的部分，一些感覺生活過於平淡的人們，和對浪漫情懷比較麻木的男性朋友，或許可以利用它來調節一下自己的磁場。另外一部分人會對花粉過敏，所以盡量不要在家裡擺放自己並不熟悉的花，小孩子的床頭要忌放花。

水杯——漂亮：床頭櫃上有水杯的不論男性還是女性，都恭喜你們，這預示著妳可能會變漂亮（帥氣）啦！水是自然之精靈，可以幫助人運化氣血，起到養顏排毒的功效。水也有緩解釋放壓力的作用，會莫名使人感覺到輕鬆自在與愉快。

鏡子——自信：床頭櫃上有鏡子，則預示著妳最近的自信滿滿，對工作和交友都很有利，但也切記不要過於自負或者自戀啦！而且，鏡子在擺放時一定要鏡面朝下，或者以物遮蓋之。在睡前或起床後，面對鏡子笑一下，更可以加大妳的迷人程度，渴望受人喜愛的朋友們不妨一試。

時鐘——效率：把時鐘擺在床頭櫃上，說明妳是一個非常有時間觀念的人，希望在睡覺前看一下時間，醒來後的第一件事也是看時間。這樣的人辦事效率會非常高，無論事業還是情感上，都是理性一族。相反地，如果妳認為自己最近的狀態不佳，工作或學習效率低下，則可以在床頭櫃上擺放一個時鐘來「轉轉運」。

香水——豔遇：香水是社交的象徵，在床頭櫃上擺放香水，可以增加豔遇或促進愛情，不同味道的香水，功能也有細微差別，尤其是花果香調的香味更容易讓人感到幸福與甜蜜。在睡覺之前噴灑一些愛情主題的香水，並把香水瓶子放置在床頭櫃，妳就會有一個浪漫奇妙的美夢，單身者甚至還能夢見自己心中的白馬王子，這可是千真萬確的呦！不過對喝得爛醉或疲憊不堪的人就另當別論了。

床頭櫃最容易走入的幾大錯誤觀念

就收納空間來說，床頭櫃的地位既尷尬又曖昧。說尷尬是因為其空間普遍很小，又不屬於任何種類，甚至可有可無。說它曖昧是因為它最靠近床，往往為人們提供著最「貼身」、最私密的服務。其實小小的床頭櫃也不是每個人都會使用得好，很多人一不小心就會犯了床頭櫃的錯誤觀念還不自知。

錯誤觀念一，櫃子裡空空，櫃子上滿滿

床頭對人來說，就相當於一個城市的火車站，這可是塊風水寶地！所以很多人都喜歡隨手把各種物品擺放在床頭櫃上，導致了床頭櫃上「物」滿為患。而相反的，床頭櫃的櫃子或抽屜卻常常被人忽略，裡面經常空空蕩蕩什麼東西也沒有，床頭櫃就這樣成為了「虛有其表」的花架子！

床頭櫃的容積雖小，但是裝些小物件其實還是沒有問題的。尤其是那些堆放在床頭櫃表面的東西，

我們大可以舉手之勞把它們收進櫃子裡，那樣妳的臥室看起來就會變得整齊多啦！

錯誤觀念二，因為不常用所以不整理

很多人半年都不整理一次床頭櫃，原因是它們很少被用到，不容易凌亂，所以也就沒必要整理。實則相反，床頭櫃應該比其他櫃子更經常被整理。

緊挨著床的小床頭櫃，是妳睡眠和休息的最親密夥伴，妳應該把休息時該準備的物品在這裡備齊，並時刻更新，以保證在床上時可以舒舒服服地睡一個安穩覺，一杯牛奶、一本好書，可都是床頭櫃的必備。

錯誤觀念三，筆記型電腦的好地方

數位時代的到來，讓很多都市人都依賴上了電腦，工作學習時要用、娛樂休閒時要用，就連睡覺之前也要用它看個好片然後才能安然入夢。更有一些懶人們，乾脆把筆電移架到床頭櫃上，直接躺在床上看起了電影。但說到這裡，應該不用叮嚀也知道啦，在床上看完電影後，可要記得把筆電放得離自己遠一點，千萬不要把它放在床頭櫃上睡覺。否則電腦對大腦和皮膚嚴重的輻射，會慢慢把妳變成一個笨笨的醜八怪的。

錯誤觀念四，把電話放在床頭櫃

和上文的道理一樣，不單手機不能放在床頭櫃上，有線電話也不要離自己的耳朵太近，否則熟睡中的電話鈴聲輕則打擾睡眠，重則可能使耳膜受損而被送到醫院。

Lisa的床頭櫃依賴症

Lisa最喜歡將床頭櫃上堆得滿滿的，而這樣讓她的臥室看起來十分擁擠。但是她實在不知道該把哪一樣東西從床頭櫃上挪走。檯燈那是肯定不能搬走的了，水杯也是，幾本好書是必不可少的，有兩本畫冊是每晚要為Eddy唸的床前故事書。而且，她的床頭櫃上還放著她的眼藥水、鑰匙、綁頭髮用的橡皮圈、日記本……等，兩個床頭櫃從裡到外都被Lisa佔得滿滿的，又偏偏覺得哪樣都少不了。

最後，Lisa想出了整理這些東西的好辦法，那就是找來一個漂亮的水果盤，把能放進水果盤裡的都放在水果盤裡，這個方法雖然有些治標不治本的嫌疑，但在改變Lisa的習慣的同時，至少讓家裡的床頭櫃看起來美觀了不少，而她的床頭櫃依賴症就要等到以後慢慢的去改正了。

如何打造最理想的床頭櫃

表面絕不擺太滿

太滿的床頭櫃面，會讓臥室感覺很擁擠而雜亂，如果妳睡覺的時候愛甩手臂，床頭櫃上的物品很容易就會在睡熟時被打翻，所以，完美的床頭櫃面上，既不能空空如也，也不能雜亂無章。除了幾個必要的擺放物品，妳的床頭櫃上的東西最好不要超過五種。如果妳也和Lisa一樣，是個床頭櫃依賴者，那麼可以學學她，為自己準備一個好看的大號果盤，以用來承載床頭櫃的雜物。

遠離那些傷害妳身體的東西

人們在睡覺時，臉與頭部距離床頭櫃最近，所以一些有害物體一定要遠離床頭櫃。例如電腦、電話、電視機等電子產品，油漆、垃圾等能揮發有害氣體或容易滋生細菌的物品，另外還有一些雖然本身沒有對人體產生危害，但是卻有可能誘導人們犯錯的物品，也要遠離床頭櫃，比如香菸、烈酒、巧克力等等，如果妳在睡覺之前忍不住吃了一塊甜品，那麼它不僅會危害到妳的體重，妳的牙齒也可能跟著遭殃。

吉祥物品的最佳場所

沒有裝飾物的嚴肅床頭櫃，總會讓人覺得缺點什麼，放上一、兩個溫馨的小物品，床頭櫃才可以算是完美無瑕。無論是什麼吉祥物，放在床頭的效果可比放在其他的地方要靈驗很多。試著想一想，每天睡覺前看見的是一個漂亮的吉祥物，睜開眼睛看見的第一個也是一個漂亮的吉祥物，無論其靈驗與否，這一整天的心情也應該變得不錯吧！

若想節省空間可以放置部分衣物或信件

床頭櫃的櫃子和抽屜裡，本應該只存放一些床頭用品，但若妳想節省一點空間，把它們也用來儲納的話，可以用它來存放一些貼身的衣物。

禮節上講，床頭櫃是一個非常私密的空間，妳的朋友或客人通常都不會要求看一下裡面，即使是親人，也不應該隨意翻開別人的床頭櫃去查看。所以妳可以把一些內衣物，或者日記和信件，大膽地放在床頭櫃裡，那也是在告訴別人：「我的這些物品不想被別人翻閱。」而如果妳主動請別人幫妳去床頭櫃拿取物品，則是一種曖昧的暗示，暗示著妳想跟他拉近關係，或者妳可以對他毫無保留。當然這種暗示在父母或子女面前無效，通常結婚十年以上的夫婦也無效。

七、廚房物品的擺放

鍋、碗、瓢、盆交響曲

開火的時候，一回身把剛剛切好的蔥花碰倒在地；尋找油瓶子的時候，又差點被地上的鍋給絆倒；洗碗的時候，懸掛在水池上方的刀和鍋鏟突然落下……等，總之Lisa煮飯時，整個廚房都在叮叮噹噹地響個不停。對Lisa來說，煮飯的過程更像是在參與戰爭，需要腦力與體力的全力集中，而廚房就是她的戰場。

Lisa煮的飯並不難吃，甚至可以說她很有天賦，許多食品到了她的手裡都是美味。Lisa也並不討厭柴、米、油、鹽，她不像是其他女生因為害怕油煙味而討厭烹飪。可是奇怪的是，Lisa始終覺得煮飯是一件很艱難的事，她就是沒有辦法像媽媽和姐姐那樣優雅地面對廚房，每一次的烹飪對Lisa來說都是亂七八糟、慌亂匆忙的。慢慢地，Lisa總算發現，這個現象原來跟她那個難以屈駕的廚房有關。

如何整理一大堆的鍋和廚房用具

一大堆一大堆的鍋子是Lisa最討厭的廚房用具之一，大的、小的、圓的、扁的、用電的、高壓的，用的時候少了哪個都不行，不用的時候這樣多的數量放到哪裡都礙事。而且有的鍋實在太大，放到櫃子裡，櫃子的門就無法關上了，沒辦法Lisa只好把它們擺在地面的一角。來來回回走動的時候，一個不小心就容易被它們絆倒，每當這時，她就恨不得把這些礙事的東西從十樓的窗子直接丟下去。

鍋子收納，其實有很多不同的方法，不同的廚房情況可以選擇不一樣的收納小竅門。

竅門一：疊摞法。這一招適用於任何樣式的廚房，大鍋套中鍋，中鍋套小鍋，橫著套不下就斜著套，最後別忘了把鍋蓋再裝在裡面，其他的鍋也如法炮製，不知不覺間，就會省下很大的空間。其缺點是取用時稍有麻煩。

竅門二：懸掛法。這個方法只適用於輕便的鍋子，而且懸掛用的掛鈎一定要結實，最好是用釘子或螺絲釘在牆面上的，吸盤和膠通常都不可靠。懸掛法是一個最省空間的廚房收納方法，它不像櫃子有固定的空間容積，整整一面牆想掛多少東西都可以。如果覺得那樣影響美觀，妳還可以給它們拉上一個與牆壁同色的簾子，大鍋、小鍋就瞬間隱形了！

餐具的數量與擺放

餐具在廚房中往往扮演著很重要的角色，但是如果數量太多，整理起來也會變得十分麻煩。Lisa就是一個喜歡買很多餐具的人，她總想著如果哪一天朋友來做客，家裡總要有一份備用的碗筷吧！Lisa的想法也有一定的道理，那麼家裡的餐具到底該有多少才算合適呢？不一樣的家庭收納餐具時，又有哪些不一樣的特點呢？

單獨一人：如果是單身居住的年輕朋友，家裡的碗筷不用太多，否則清洗起來的負擔就會很大。八個盤子、七個碗足夠用，如果想招待更多的朋友，不要忘記樓下還有連鎖超市喔！

三口之家：一個三口之家的備用餐具相對要多一些，因為這樣的家庭很容易有親戚或朋友來做客。但是備用的碗筷與常用的要做出區分，這樣才不會在平時的生活中把所有的碗筷都佔滿。一般家庭的碗筷數量可以用以下公式來計算：常用碗數量＝人口數＋2；盤子數量＝2倍人口數；備用餐具＝3倍人口數。

龐大家族：若妳的家庭是四代同堂，那麼碗筷可就要多多準備了，但是這樣家庭的餐具也有捷徑可走，那就是在購買時，盡量讓家裡的餐具統一型號與大小，這樣存放與規整起來就方便美觀得多了。

有小朋友的家庭：家裡有小孩子的家長要注意，小朋友的餐具必須是專用的。那不僅是為了大小和外形上方便使用，更因為兒童的免疫力較弱，需要時刻注意衛生。

剩飯剩菜該何去何從

廚房難以整理的主要原因，可絕不只是餐具的因素，而往往是很多雜七雜八的東西使廚房看起來不夠漂亮，剩飯剩菜就是其中的一個例子。在煮飯時，誰也不可能把飯菜的量掌握到剛剛好，剩飯剩菜是在所難免的事情。

總結起來，處理剩飯剩菜的方法也無外乎扔掉或放冰箱等，但究竟什麼樣的飯菜需要放在冰箱裡？什麼樣的飯菜可以不用倒掉呢？這一點在媽媽身邊生活多年的Lisa，就有很多經驗啦！

還剩下很多的飯菜，最好不要輕易把它們倒掉，愛惜糧食是每個人都應盡的責任。如果可能，吃剩下的菜一定要放在冰箱裡保鮮，但如果冰箱實在容納不下，也可以把部分菜回鍋加熱後，再放置在陰涼的地方罩上紗網存放。也有些沒辦法二次加熱的菜品，比如水餃、炒蛋、涼拌菜等，則可以直接把它們放涼後存放，通常這樣的東西冷著吃味道也不會太差。

廚房必須達到的三個指標

Lisa邊整理自己的廚房，邊回憶著大衛家的廚房，榜樣的力量是無窮的！她一切向大衛看齊，一段時間下來，成果還真十分顯著，Lisa認為她的廚房可以算是「達標」了。

事實上，判斷廚房是否「及格」主要有三個方面，即衛生、氣味和視覺。

俗話說「病從口入」，廚房可是一個家庭的衛生重地，所以要判斷妳的廚房是否合格，衛生是一個重要的方面。一個乾淨的廚房一定要做到沒有昆蟲、沒有大量致病細菌、沒有雜物、沒有灰塵，如果能保證妳的廚房做到這四無，妳的衛生關就可以通過啦！

氣味也是判斷廚房是否合格的重要依據，一個有異味的廚房，怎麼也不能算是個完美的廚房。在人們用餐的時候，奇怪的氣味也會大大的減少人的食慾，所以達標的廚房一定需要做到沒有味道。

視覺是人們最直接的感受，給人留下的印象也最深刻、最持久，這也是為什麼人們都喜歡看美女的原因，同樣地，一個合格的廚房也必須是整潔而漂亮的。

廚房的清潔寶典

打掃廚房經常會讓人感到力不從心，不過就跟許多事情一樣，其實只要懂得一些小訣竅，是可以事半功倍的。看了下面的廚房清潔寶典，保證妳不會再將打掃廚房視為畏途。

寶典一：為厚厚的油漬敷個面膜。將衛生紙或紙巾貼在滿是油漬的磁磚上，在上面噴灑清潔劑後放置一會兒，就像女性敷面膜一樣，清潔劑不但不會滴得到處都是，且油垢會全部黏上來。只要將衛生紙撕掉，再用乾淨的抹布沾著清水擦一、兩次，瓷磚即可煥然一新。至於油污較重的瓷磚，可將衛生紙或紙巾貼在磁磚上過一晚，或用棉布取代衛生紙，等到油漬被紙巾充分吸收

後，再用溼抹布擦。抽油煙機內側的通風扇等，也可以使用這個方法喔！如果家裡正好有用舊了的面膜紙，那效果可就更明顯了。

寶典二：用酒精擦桌子。餐桌或檯面用久了，上面難免會有一層薄薄的油漬，白色的餐桌就更加的明顯了。遇見這種情況時，先不用愁，用一塊乾淨的抹布蘸上酒精，反覆擦拭，印記就自然地不見啦！而且還兼有消毒殺菌的作用呢！有油印的玻璃製品同樣也適用。

寶典三：微熱的食用醋處理燻黑。廚房裡的窗戶、燈泡和玻璃器皿，經常會被油煙燻黑，而不易洗淨。可將適量的食用醋加熱，然後用抹布蘸些微熱的食用醋擦洗，油污很容易就會「逃跑」。

寶典四：灶具的清潔方法。清洗有油污的灶具時，可以用黏稠的米湯塗在灶具上，待米湯結痂乾燥後，用鐵片輕刮，油污就會隨米湯結痂一起除去。如果用較稀的米湯、麵湯直接清洗，效果也不錯。而且把抹布在啤酒中浸泡一會兒，然後擦拭有頑漬的灶臺，灶臺即可變得光亮如新。

寶典五：水龍頭及玻璃上的水漬。對付水漬的祕密武器是檸檬片和新鮮橙皮，如果發現水龍頭上或玻璃上有難以清除的水漬，可以將一片新鮮的檸檬片，在水龍頭上轉圈擦拭幾次，便能清除。一個水分充足的橙皮，也可以起到強效去污的作用，用橙皮帶顏色的一面無需大力搓，水龍頭上的頑漬就能輕鬆除去了。如果水龍頭上的水漬並不嚴重，報紙也能使它回復往日的光彩。

八、小小的衛浴空間

千萬不要以為衛浴空間是一個可以馬虎的地方，妳可以觀察高級餐廳或商場的廁所，沒有一個不是別具匠心的。家裡的衛浴狀況，真實的反應著妳的生活，它既是最私密的地方也是最公開的地方，想像一下，如果妳去一個朋友家裡，她的客廳佈置得金碧輝煌，可是當妳三急作祟時來到衛浴空間，卻發現裡面又髒又亂，與大廳形成鮮明比對，那麼妳會如何評價這位朋友呢？可見，衛浴空間的打掃與佈置可是一點也不可以大意的，有些時候，它甚至比客廳更重要。

衛浴空間裡的三個區域

空間不大的衛浴空間，講究的規矩一點也不能少，妳知道每個家用衛浴空間都必須劃分出來三個固定的區域嗎？很多主人為了使衛浴空間看起來通透、敞亮，就省略掉了對衛浴空間格局的規劃，可是那樣做並不恰當。如果沐浴區與如廁區沒有隔斷，那麼妳在洗澡的時候別人豈不是沒有辦法如廁了！

所以，衛浴空間的區域劃分依然是十分必要的，如果認為隔斷影響美觀，那麼則可以用一些可拉動的簾子代替。通常家用衛浴空間可以劃分的三個區域分別是，沐浴區、如廁區、洗手檯區，顧名思義，

沐浴區和如廁區就是洗澡和上廁所的地方，洗手檯區則指的是洗手檯及其周圍的相關設施，這三個區域在家庭衛浴空間的設置上，均是不可或缺的。

沐浴區的整理：沐浴區要擺放的物品比較多樣和複雜，所以也是較易凌亂的位置，Lisa則用一個浴筐就解決了這個問題，把沐浴用品放在浴筐裡，它們看起來就不會那樣凌亂。

如廁區的整理：如廁區幾乎沒有什麼要整理和擺放的物品，最多也就是一個垃圾桶和一個衛生紙。但是如果妳需要把消毒劑與一些刷子放在這裡，那麼還是想辦法把它們藏起來比較美觀。Lisa想的辦法是，將這些東西立在一個塑膠凳子下面，然後在凳子上蓋上一塊漂亮、長度剛好的布，這布就正好將一些零零碎碎又不好看的東西給藏住啦！上面再放上一個花盆，誰也不會猜到，凳子的下面是什麼東西。

洗手檯區的整理：洗手檯區域的整理主要是整理一些毛巾、牙刷等等，這些小物品除了將它們擺放整齊，也的確沒有更好的方法了。建議一家人可以使用同個系列的洗漱用具，那樣視覺上看起來會更美觀一些。

容易被忽略的衛浴空間「死角」

死角一：排水口。因為排水管中滋生的蟲子，容易攜帶病菌透過排水口爬到住戶家中，將病毒廣泛傳播。所以排水口一定要記得定時清潔，排水口清潔起來也非常地簡單，只要將一勺1：99的稀釋家用漂白水灌入排水口中，五分鐘後，用清水沖洗即可。

死角二：馬桶墊。馬桶墊其實是最容易招惹細菌的地方，而它又是與身體親密接觸的地方，所以要盡量避免細菌傳播，一定要勤換勤洗，保持清潔乾燥。

死角三：頭髮絲。頭髮絲雖然不會固定掉在一個地方，但它的確算是個難以清理又無處不在的「死角」。最便捷的方法就是戴上眼鏡仔細擦掃了，如果覺得掃帚不好用，可以在掃帚外面套上一個廢舊的絲襪試試看。

死角四：蓮蓬頭。蓮蓬頭有時會因水管內的鏽漬，或是水中所含的鎂或鈣而阻塞，造成水流不順或流量減少。這種阻塞非常難清理，也容易被忽略。其實只要把蓮蓬頭浸泡在稀釋了六倍的醋水中，過不了多久，堵塞物就會自然掉落，最後只要把醋味沖洗掉，蓮蓬頭就能順暢出水了。

死角五：潮溼空氣。潮溼給細菌提供生存環境，是滋生細菌生長的源頭，所以衛浴空間除溼通風很重要。在沐浴時必須要養成開啟排氣扇換氣的好習慣，在平時也要經常開窗通風保持浴室內空氣乾燥清新。如果是沒有窗戶的話，也可以使用香薰進行必要的薰蒸滅菌，檀香也可以起到淨化空氣的作用。

死角六：洗手檯上的鏡面。鏡面並不是一個容易被忽略的地方，只是人們容易忽略清潔它的次數而已，鏡子在洗手檯的上方，所以洗手時很容易就被濺髒，若想保持它的乾淨，就務必要時時刻刻勤擦勤抹。

死角七：瓷磚上的霉斑。由於浴室的溼氣較重，若未加留意，在磁磚間的細縫中，便容易產生菌斑。此時，最快速有效的解決方式，就是在上面噴一些去霉劑，不必費力刷洗，就可以達到去霉、除垢和殺菌的效果。

「方便」的地方也要有品味

不要以為衛浴空間就必須堅持貫徹樸實的裝修陳設風格，如今，怎樣把一個衛浴空間打扮得越來越不像衛浴空間，已經成為了設計師和時髦青年的追求目標。可以理解，既然人們已經在自己的床和其他家飾上花盡了心思，那麼為什麼不能在天天都要使用的衛浴空間裡繼續花樣翻新？一個漂亮、有趣又富有品味的衛浴空間，肯定會為妳在朋友面前賺足面子，在家庭生活中貼足裡子。

讓衛浴空間又酷又有型的創意和方法其實有很多，以下便是Lisa總結整理的幾個不錯的點子。

從其他空間攝取靈感。在國外，衛浴空間被時髦人士們改造成了「各種場所」的例子屢見不鮮，他們從其他的空間得來靈感，把自己的衛浴空間改造成森林、隧道的樣子，甚至有人把牆面畫滿了酒瓶子，使它看起來更像一個酒吧。無疑這種新鮮的創意充滿了刺激與趣味，如果妳的衛浴空間足夠寬敞，又想充分發揮一下自己的想像力，那麼妳也可以把自己的衛浴空間「易容」一下。它可以是電影院的包廂、電話亭或者另一個臥室等等。

添加些有趣的衛浴用品。若妳衛浴間的空間實在有限，不允許進行上述折騰，或者妳才剛剛翻新過，不適合再次大費周章。那麼妳也可以嘗試添加一些有趣的用品或裝飾品來改善一下嚴肅的氛圍。例如為妳擎著捲筒衛生紙的人偶、偷看妳如廁的壁畫女郎等，這些用品在網上就可以找得到，而且也並不需要花費太多的銀兩。

用上些活潑的顏色。把衛浴空間打扮的出色，也可以藉助稍稍活潑一點的色彩。通常衛浴空間色彩的選用，都被人們限制在了白色或藍色等冷冰冰的色彩上，雖然視覺上似乎乾淨寬敞了，但卻始終讓人感覺呆板、無聊和冷漠。為了告別這樣的模式，我們可以給它適當加以鮮豔的色彩。而為了避免凌亂擁擠的感覺，顏色上則可以選擇一些偏冷的中性色彩，如粉色、淡紫色、綠色等等。

特殊材質讓妳的衛浴空間別出心裁。除了瓷磚、金屬、玻璃，您想過為妳的衛浴空間添加一些特殊材質嗎？冷冰冰的材質一定讓妳的衛浴空間很容易打掃，但是這樣的衛浴空間有沒有讓妳感覺到無趣和老套呢？這時，妳就可以考慮為自己的衛浴空間添上一、兩件特殊材質的設施，來調整一下氣氛。一個粗放的石頭洗手檯能讓衛浴空間看起來既現代又原始；一個布藝的吊燈又能讓那裡立刻變得浪漫起來。

貼心的衛浴空間細節

衛浴空間裡貼心的每個小細節，都能體現出妳對自己和家人的關愛，若認為自己的心思還不夠溫柔

細膩，那麼可以看一下下面的文章裡介紹的一些衛浴空間裡貼心的細節。

細節一：定期消毒。洗手間是一個很容易滋生細菌的地方，為了家人和自己的健康，定期消毒是必不可少的重要環節。

細節二：添置讀物。有很多人喜歡在衛浴空間裡準備些書刊雜誌，即使妳的家人或妳自己根本沒有這種習慣，也還是可以為妳的客人們添置一些。但洗手間裡的讀物，是有講究的。妳最好選擇一些短篇而且富有趣味的印刷品放在裡面，太嚴肅的東西會讓人覺得昏昏欲睡，而且千萬不要把恐怖故事或長篇小說擱在衛浴空間裡，因為前者會讓人想要迅速逃開，而後者會讓人不想出來。

細節三：備有毛巾。這一個細節是主要針對妳的客人的，在妳去別人家做客的時候，有沒有在洗完手後望著洗手檯邊的多條毛巾發愣的尷尬時候呢？很多家庭都會額外準備客用毛巾，但是卻很少有人把它們做出區分，所以客人們經常在掛著好多毛巾的洗手檯前不知如何選擇。若妳家的毛巾也犯了同樣的錯誤，那麼就快點把它們做出一個區分吧！區分的方法有很多，可以把家人用的毛巾掛在別處，也可以直接在毛巾標籤上面標註毛巾的主人。

點點滴滴的小細節，會讓妳的衛浴空間更加人性化，進而使它更有人氣。相信妳的朋友或家人慢慢的都會感覺到妳的用心良苦，以及妳對他們的那一份溫柔關懷。

九、Lisa整理兒童房間

兒童房間的特殊性

不同於成人的房間，兒童房有著很多特殊的地方。性質不同、風格不同，整理起來當然也就有所不同。那麼兒童房間與成人房間的差異，到底在哪裡呢？整理與打掃時又該注意些什麼呢？

時間特殊性

相對與成年人的房間，這種特殊性體現在兒童房的物品或用具的短暫壽命上。例如一個成年人房間的座椅可以一直用到壞掉，時間大約是三到六年不等，甚至有的會更久。而一個兒童用的座椅，往往最多也只能使用兩年，兩年的時間一到，即使椅子沒有壞掉，孩子也該長大了，椅子的型號就不再適合這個孩子使用了。

兒童房間的床、桌子等等都是這樣，裝修佈局更是同樣的道理。通常一個孩子在成長的十六年中，房間所有的佈局陳設需要更換六次，平均起來就是兩年一次。所以在購置兒童家具的時候，妳大可不必追求奢華，反正這些東西兩年以後都是需要被更換掉的。

視覺特殊性

視覺上，兒童房間的特殊性還是比較明顯的，相對於成人的房間更具童趣。在佈置與裝修的時候，我們也可以使用一些稍強的色彩對比來凸顯屋子的鮮豔與活潑。而從色彩的情感功能方面來說，兒童房間需要被佈置得更溫馨與陽光一點，那樣的佈置會使兒童的心靈有安全與歡愉感，也更有利於他們的成長。

若想使房間看起來溫馨、陽光又活潑，主色調就不可選擇太冷，大面積的白色對小孩子的心情與智力都沒有好處。通常淡黃色與綠色都是兒童房的常用色彩，粉色、藍色等等也都會被用到，紅色雖然醒目但是會使人有壓迫感和緊張感，所以不適用於兒童房間。有人指出讓孩子生活在一個顏色繁多的空間，對他們的智力有好處，也有人說那樣會使孩子更加早熟，但這均是一些猜測，真實性上並無從考證。

其他的特殊功能

兒童房間的特殊性還體現在很多方面，例如兒童房的隔音效果普遍都比較好，因為既害怕小孩子被其他的聲音打擾而影響休息，又害怕小孩子的哭鬧聲會吵到鄰居。還有，兒童房的設施或裝飾普遍具有教育意義，例如貼在牆上的彩色地圖、有英文標籤的桌椅等，這些特點都是成人的房間所不具備的，也是需要被想到和關注到的。

整理時不同於其他房間的幾個方面

既然兒童房有自己的特點，那麼在整理時當然也有一些與其他房間不同的規則、標準和注意事項。

不同一：房間可以稍亂。在整理其他的房間時，我們已經習慣把空間整理得一絲不苟，但兒童房間恰恰相反，「一絲不苟」的房間對孩子來說是「不有趣」和「無聊」的！把房間打扮得豐富又具有層次，會給寶寶更多的思考和觀察的空間條件，寶寶多看、多想，自然才會成長得更聰明！更何況，即使妳真的把寶寶的房間整理的非常整潔，調皮的寶寶也會想辦法趁機給它們弄亂。

不同二：要避免危險。很多家長已經開始注意到了這一點，那就是孩子的房間需要絕對的安全。一些相對於成人安全的東西，對於孩子卻可能十分危險，比如剪刀、刀片，所以這也是在整理兒童房間時需要注意的地方。

兒童房的危險物品除了水果刀、剪刀等銳利類物品，還有藥、化學液體（殺蟲劑、香水、潤膚水……）、易碎物品、通電的電器等。另外一部分看似毫無危險的體積很小的物品也非常危險，因為年齡比較小的寶寶很可能把它們誤吞下去，比如沒充氣的氣球、鑰匙、瓶蓋等。

不同三：打掃時要有「預謀」。打掃兒童房間時也可以不用那麼按部就班，在整理的時候妳可以充分發揮自己的想像力。妳可以打掃徹底以後，故意把玩具散落在各個角落，然後讓寶寶自己動手尋找它們。總之，在寶寶的房間要多花些心思就對了。

Lisa整理兒童房間的全過程

玩具的整理與存放

Eddy房間的物品並不多，為了避免使房間看起來不至於慘不忍睹，Lisa已經盡量減少Eddy房間裡的物品了。可是有些專屬於Eddy的東西還是必須要被放在那裡，比如他的大大小小玩具。這些玩具都是Eddy的寶貝，少了哪一個他可都會不開心，所以為了使自己能時時刻刻看見這些寶貝，Eddy會故意把它們散落一地。

Lisa發現了這當中的原因以後，便為Eddy的房間添置了一個小小的展示架。把Eddy的玩具擺放在展示架上，既使房間看起來整潔不少，又滿足了玩具能時刻出現在Eddy的視線內的要求。每一次用過的玩具，Lisa也會要求Eddy把它放回原位，久而久之良好的習慣也被養成了。

襪子與衣物

孩子的衣物通常不怕被折疊和擠壓，而且大部分是棉質的又比較柔軟，與其把這些棉質的T恤折疊在一起，還不如把衣物折成一個大致的長方形後由一邊向另一邊慢慢地捲起，做成一個個捲形存放。這樣存放優點是方便拿取，折疊在一起的T恤如果想拿最下面的一件，上面其他的衣物難免會被弄亂，而捲狀的衣服就不會有這種顧慮，即使是讓小孩子自己動手，也可以很輕鬆地把衣服拿出來。這個方法在視覺上也美觀，而且還更加一目了然。但是外套之類的衣物，還是需要折疊或懸掛起來的。

襪子可以用同樣的方法，把兩隻襪子疊在一起，然後由一邊向另一邊捲起，最後把其中一隻的襪口反方向套過去。這樣兩隻襪子就永遠不怕互相失散啦！

別有用心的佈局

雖然Lisa有時會表現出一點點懶惰和漫不經心的樣子，但是對待Eddy她可從來沒有半點怠慢，為了使Eddy的房間更加完美，Lisa可以說是費盡了心思。現在Eddy房間的每一個角落，可都是藏著Lisa的「別有用心」。把玩具架上貼上標籤，是為了讓Eddy認識他玩具的漢字；襪子擺在鞋子旁邊，是為了提醒Eddy在穿鞋子前要穿襪子；床被擺放在距離玩具很遠的地方，是為了防止Eddy因貪玩而影響睡眠……無論方法是否管用，有一個這樣的媽媽，Eddy一定感覺到非常幸福吧！

愛他就尊重他的意見

因為Eddy非常喜歡水手條紋，所以Lisa把Eddy的小櫃子都漆成了藍白相間的顏色，衣櫃裡也擺滿了各種藍白相間的衣服，Lisa認為即使是小孩子，也同樣有著自己的喜好與厭惡，如果真的愛他們，就應該也尊重他們的意見。讓他們擁有追求自我的權利，他們長大以後才會懂得尊重別人。

兒童的大型工具也不少

別看Eddy年紀小，使用的物品也有很多是相當佔空間的。孩子們的東西當然也有一些「大件」類的，比如兒童自行車、小時候用過的室內學步車、小型的鞦韆玩具、用舊了的兒童床等。這些東西不得不擺放在孩子們自己的房間，由於體型較大，又很難被隱藏，Lisa只有盡可能的把這些東西放置得整齊一些。自行車被Lisa放在了靠近門口的地方，而鞦韆則可以放在靠近窗戶的位置，至於一些舊的兒童床與學步車之類，Lisa要想辦法盡快把它們處理掉。

淘汰貨該如何處理

把一些大型的兒童用具轉送他人，應該是一個不錯的選擇，因為兒童用具的有效時間都比較短，一部嬰兒車可能在寶寶兩歲的時候就失去意義了，這時候如果正好有朋友需要它，那麼就可以勸朋友節儉一回。還有其他的大型用具也是如此，若妳的朋友恰好都沒有需要的，而妳也保證以後不會再用到它的情況下，還可以把這些東西以二手價賣掉，總好過白白丟掉它們。

一些小件的兒童物品可能除了扔掉就真的沒有什麼別的處理辦法了，尤其是一些衣物，當然妳也可以留下一、兩件用來做紀念。

十、如何打造整潔的車內空間

車內物品的整理

就像室內環境影響家居的舒適程度一樣，車內的環境也對車本身的舒適度有很大程度的影響。一個邋遢骯髒的車內環境，會使昂貴的車看起來也相當遜色，相反地，一個整潔漂亮的車內環境能讓車子顯得身價倍增，增加車主人的駕駛樂趣。下面我們就來看一下如何才能讓妳的私家車「秀外慧中、脫胎換骨、身價倍增」吧！但是若想把小夏利打扮得像法拉利，妳還得在它的表面也多下些工夫。

汽車後車廂

汽車的後車廂是車內用來儲放物品的最大的空間，所有的汽車後車廂裡都該有的就是一個備用輪胎和一個簡單的工具箱。但是通常備用輪胎會有，而工具箱卻容易被人們給省略掉，尤其是一些小型車的車主，他們認為把又大又重的工具箱放在車子裡實在是一件沒有必要的事情。

事實上，工具箱是每一個車子都必不可少的裝備，特殊時刻它們可能會幫上妳的大忙呢！如果車型偏小或者後車廂空間不大的車子可以選擇一個體型嬌小的工具箱，裡面只需裝上幾種最常用的工具即可，哪怕只有一、兩支。

一些比較佔地方的物品，也可以被放在汽車後車廂裡，比如攝影用的三腳架、魚竿、運動器械、折疊腳踏車等等，也有的朋友喜歡把成箱的飲料放在後車廂裡，但是切記在車子啟動之前，一定要檢查好後車廂的蓋子是否蓋嚴實了。

駕駛座位周圍的零碎物品

駕駛座位的前面或周圍通常會被設計有存放物品的空間或抽屜，有些物品是必須存放在駕駛員伸手可及的地方的，比如太陽眼鏡、車鑰匙、光碟片、地圖之類。但是令Lisa感到麻煩的是，她不知道這些東西究竟該被擺放在哪個盒子裡，她經常遇見在開車時把自己周圍所有的空間都翻找一遍，才能找到太陽眼鏡的情況。

避免這樣的情況最好的辦法，就是把物品擺放在固定的位置，過一段時間自己就自然會熟悉它們的棲身之地了。當然也有一些小小的規律可循，比如可以把光碟片放在CD旁邊的凹槽裡，把太陽眼鏡掛在遮陽板的旁邊。

溫馨駕駛的必備

如果想讓自己的車子更加溫馨舒適一些，那麼下面的這些物品是必不可少的。

咖啡能讓妳變得精力充沛、精神旺盛，它可以在疲勞的時候給妳一劑強心針，更可以防止妳在開車的時候睡著了。

巧克力能在臨時肚子餓的時候安慰一下妳的胃，也可以為妳補充能量，使妳不至於頭昏眼花，它是一些「大忙人」的車內必備。

水就更不用說了，半個小時的車程就足以讓人口乾舌燥，如果是夏天或經常開著空調，口渴會更嚴重，但是長途的司機們也要注意了，水喝多了可是會頻頻去廁所的。

平安符是不是真的能保平安誰也不能斷定，它存在的意義往往是為了提醒司機開車時要小心。

車子裡面的空間密閉，空氣不流通，味道也經常不好聞，所以用各種方法使妳的車子充滿香味是很有必要的。妳可以用香水，也可以用芳香劑，或者放置一些新鮮的水果和黃瓜，還要保持經常的通風。

若以上的物品妳的車子裡都具備，但是妳還依然想再溫馨一點的話，妳也可以添加一些裝飾品。例如漂亮的椅套、風鈴、毛絨玩具等。可是最好也不要讓妳的車子過於花俏，那樣會給人髒亂且不成熟的感覺。

防止六大不雅殺手進入妳的愛車

香菸：無論男生還是女生，在車子裡吸菸都是一種不好的行為，車子裡的空間本來就很小，所以吸菸對與你的乘客是一種極不禮貌的態度。即使是車內只有您一個人，駕駛時吸菸還是有很大的安全隱患的。當妳是乘客的時候也要注意，不可以在別人的車子裡吸菸，至少在吸之前也需要爭得車主和其他人的同意。

啤酒：年輕人為了證明自己的「粗獷」，經常會把啤酒當作飲料來飲用。但是把這種「飲料」放在車子裡就有點不夠明智了，即便啤酒對你來說真的只是飲料，也不可以在駕駛前或者駕駛時飲用它們。說不定哪一次就會造成意外！

衣物：除了剛剛脫掉的外套，車子裡最好不要存放其他的衣物，這個錯誤女孩子好像更容易犯一些。因為妳的車子不一定在什麼時候就要載上妳的朋友或其他的一些人，讓他們不小心在妳的車子上看見一雙妳穿過的絲襪，還是有那麼一點不雅和尷尬的。當然如果妳是需要四處趕場，不得不在車子上換衣服的大明星除外。

垃圾：這個無需多說，一小堆垃圾就足以把你的車內搞成臭氣熏天的樣子，而且垃圾也很容易滋生細菌，所以一定要隨手把車裡的垃圾帶走丟掉。

昆蟲：想像一下如果你在開車，旁邊有一隻大蚊子在不停的轉悠，你會是什麼樣的感覺呢？把蚊子換成蒼蠅甚至蜜蜂也可以。再想像一下，如果你坐在朋友的車上，而旁邊突然竄出兩隻毛毛蟲，你會是什麼樣的心情呢？所以，為了不讓那些討厭的小蟲子鑽進車子裡，要小心的關好車門、車窗，車子裡有放鮮花的人們，也要在開車之前檢查好花裡面是否有小蟲子。

毛髮：在車裡面放雞毛撣子可不光是為了避邪，雞毛撣子還能幫你處理掉一些灰塵和毛髮。尤其是養寵物的車主們要注意了，千萬不要讓你初次結識的男朋友或女朋友看見你滿車裡飄著狗毛。你可以在他們上車之前，先用雞毛撣子把車內打掃一下，而雞毛撣子也要記得定期清洗。

汽車的清洗與打掃

汽車每天在外奔波勞碌，經歷著風吹日曬，為主人立下了汗馬功勞。當車子髒了時，外表通常很容易就能引起主人的重視，但車內的清潔卻常常被車主們所忽略，那麼汽車內部的環境到底該如何打掃與保持呢？來一起分享一下Lisa從網上挖出來的「清潔保衛戰鬥」經驗吧！

當然如果你手頭寬裕，或者是一個十足的懶人，那麼去汽車美容院也是一個不錯的選擇。但即使你去美容院洗車，也依然需要看一下下面的文章，它會讓你更瞭解汽車內部清洗的方式與過程，也會教你一些汽車美容院都想不到的小訣竅。

1、如何清潔打掃汽車座椅

為了保持座椅的乾淨，最簡單有效的方法就是為愛車套上座套，然後隨時清洗。這樣能夠最大程度的保持座椅的乾淨，但是這只是一個有點投機取巧的有侷限性的方法。

座椅在車內佔了很大部分的面積，一般不是很髒的時候，建議使用長毛的刷子和吸力強的吸塵器配合，一邊刷表面一邊用吸塵器把髒物吸出來，效果相當不錯，對於不同材質的座椅使用此方法都有很好的清潔效果。

對於特別髒的座椅，清潔時就沒有那麼簡單了，要進行幾個步驟才能徹底打掃乾淨。首先用毛刷子清洗較髒的局部，比如較大污漬、垃圾、污點、污垢等。然後用乾淨的抹布沾少量的中性洗滌液，在半

乾半溼的情況下，全面擦拭座椅表面，特別要注意的是，抹布一定要擰乾，以防止多餘的水分滲入座椅海綿中，潮溼的座椅也更容易被灰塵污染髒。最後再用吸塵器對座椅清潔一番，以消除多餘的水分，可以盡快使座椅乾爽起來。

愛吃零食的美眉們要注意了，在車子內吃東西的時候，要格外小心，不要讓食物的殘渣掉落在車內的縫隙中，否則影響整潔又難以清理。

而且對於部分真皮的座椅，清潔時要注意使用的清潔劑與保養劑是否符合要求。

2、車內地毯的打掃

地毯也是車子內最容易髒的一個地方，汽車本身附帶的地毯基本是和車體連在一體的，不容易拆下來清潔，所以網友們紛紛建議，為了避免不必要的麻煩，最好在汽車裡放置一個可以活動的腳墊。如果腳墊不太髒的話，可以拿到車外拍打清掃就可以了。

對付車內的地毯當然也可以使用毛刷頭的吸塵器進行吸塵，那樣可以使較髒的地毯看起來不那麼髒。但對於更加髒一些的地毯，就只能動用專用洗滌劑了，一般在使用洗滌前也要先進行除塵工作，然後噴灑適量的洗滌劑，用刷子刷洗乾淨，最後用乾淨的抹布將多餘的洗滌劑吸掉就可以了，這樣可以使洗後的地毯既乾淨又柔軟。

最需要注意的就是，地毯不要完全放入水中浸泡刷洗，那樣不但會破壞地毯內部幾層不同材質的黏接，還會使地毯在很長時間內無法徹底乾透，引起車內潮溼。

3、儀錶板的清潔保養

汽車內部還有一個重要的部分，就是每個乘車者都會直接面對的儀錶板了，它是否乾淨也影響到車內環境的視覺效果，由於結構複雜，邊邊角角多，各種開關儀錶等使得清潔起來比較困難。

其實，稍微注意一下儀錶板就會發現，只用抹布和海綿是無法徹底清潔這個地方的，這些凹槽縫隙的地方就需要用到「專用工具」啦！我們可以用各種不同厚度的木片或尺，把它們的頭部修整成斜三角、矩形或尖形等不同樣式，然後把它包在乾淨的抹布裡來清掃凹槽縫隙。例如：用較為寬口的木片或尺，裹上抹布來清掃空調送風口的百葉部分，就很順手而且效果也不差；用較尖的木片或尺，裹上抹布來清潔儀錶開關的邊角就會很容易把灰塵清掃乾淨。

當把各部分灰塵打掃乾淨以後，使用專用的儀錶蠟一噴，過幾秒鐘再用乾淨的抹布一擦，你的儀錶盤就乾淨如新了！

4、汽車內部其他位置的清潔

汽車內的方向盤和變速器、剎車等部件，都是容易髒的地方，可以用小牙刷或沾有洗滌液的抹布進行刷洗，會收到理想的效果。離合器踏板、剎車踏板、油門踏板部分也要認真清掃，特別要注意即時清除上面的油脂類污垢，這樣可以起到防滑的作用。

前後擋風玻璃和夜間照明燈具，可以用軟布沾上洗滌劑進行擦拭，並用乾燥的布擦乾淨，最後再在擋風玻璃上噴塗一些長效防霧的處理劑為好，為雨季行車做好準備。

而汽車內部的頂棚長期受到風吹，往往容易積存很多不顯眼的灰塵，使車頂看起來灰濛濛。清潔的方法通常是先用大功率吸塵管和刷子在大面積上清潔乾淨，然後用中性的洗滌液著重清潔污垢，再普遍清洗全面，同樣也不可以把車子內部弄得太溼，要立即用乾抹布擦乾。

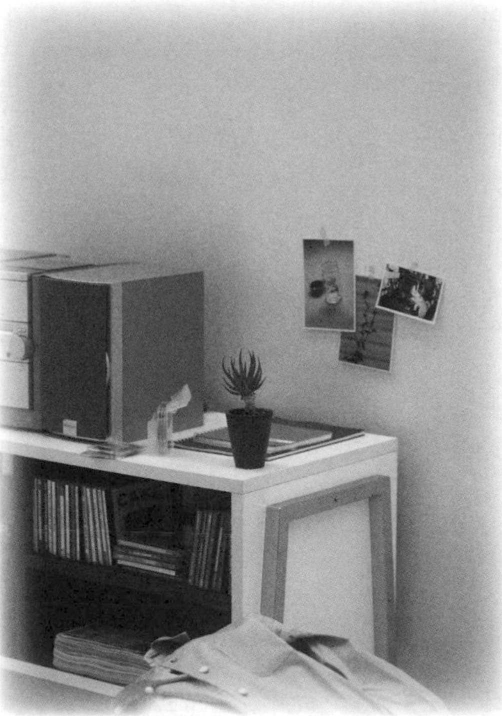

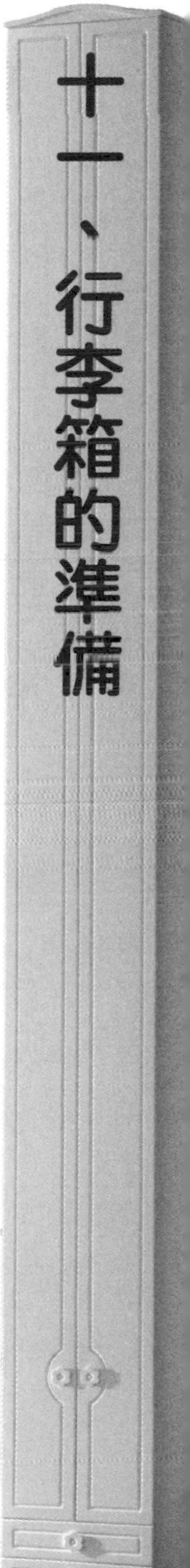

十一、行李箱的準備

出差

這是一個平凡得不能再平凡的週三，Lisa與往常一樣悠哉悠哉地打開電腦開始一天的工作。可能是昨天夜裡睡得不夠好，她的兩個眼皮猛跳個不停，俗話說左眼跳財，右眼跳災，可是這兩個眼皮一起跳，Lisa總結了一下，還是睡眠不足的原因最大。

不一會兒，公司的主力記者從總經理的辦公室走出來，只見他兩眼放光、眉宇興奮地對著大家開始大聲宣佈：「大家再見啦！我從今天起離職了，從此以後不能再與大家共同奮鬥，感謝大家一直以來……」Lisa看那傢伙興奮的表情，猜他一定是找好了新東家，跳槽成功了！可是Lisa還沒反應過來，這事會對自己產生什麼影響。

不到二十分鐘，Lisa就被請進了總經理辦公室，因為工作的需要她被安排前往馬來西亞吉隆坡三個星期，四天後那裡有一個非常重要的文化博覽盛會，可是周記者突然離職，而其他記者也都有自己的差事，所以不得不動用Lisa這個主編出馬。

Lisa的耳邊還迴響著總經理和藹的話語：「這次盛會有許多文化圈的名人參加，讓別人去我實在不

放心，而且三週的時間也讓妳有足夠的時間去感受一下當地的人文……」Lisa的眼前布滿了羨慕的目光和眼饞的口水，而腦袋裡則在飛速地旋轉著，思考這三星期的外出意味著什麼。那意味著Lisa可以三個星期不用起早上班，不用整天面對電腦，也不用回家帶小孩，而且她可以吃遍好吃又新鮮的亞熱帶水果，可以跑到海島穿著泳裝曬上一下午的太陽等等，她只需要在每週抽出一天的時間去參加一個文化節，收集一些名人的名片，然後寫上兩篇文章，僅此而已。可是Lisa又想到了Eddy，她可能要有三週看不見她的寶貝，而她的Eddy可能要在Lisa的媽媽那裡鬧上三週了，為了補償Eddy和媽媽，自己會給他們帶上幾件像樣的禮物的，Lisa想。

外出時都需要帶什麼東西

後天一早就要出發了，可是Lisa現在完全搞不清楚自己該從哪裡開始著手準備，她也不知道出門三個星期到底需要帶些什麼。於是Lisa在網上開始尋求幫助，希望每一個出差的人需要攜帶的東西相差不要太多。

一、證件

證件是出門時最最重要的一類東西，寧可忘記帶錢包，也不能忘記帶重要的證件。一次正常的出差或者出遊，需要攜帶的證件大約在五到十件不等，分別有身分證、護照、工作證、名片、駕照等等，Lisa按照網上的清單一一對照著把這些證件尋找出來。網友們還貼心地告訴Lisa，由於證件很重要，所以一定要隨身攜帶。

二、通訊錄

除了手機裡的通訊錄，出遠門時還需要準備一本有親人、朋友以及同事的電話號碼及通信地址的通訊本。一方面是為了防止電話意外故障時妳無法即時與家人取得聯繫，另一方面也方便妳向朋友和親人寄送漂亮的明信片。

三、衣物

更換用的服飾也是出門的必備，但一定不要帶太多，否則會成為旅行的負擔的。內衣褲三、兩套足矣，另外可以帶一、兩套休閒服，至於套裝與宴會裝，可以根據個人的需要來決定是否攜帶。由於鞋子比較佔用空間，所以Lisa除了出門時穿了一雙舒適的休閒鞋以外，只帶了一雙高度適中的高跟鞋。睡衣也是出門時需要攜帶的衣物，裝上一件或兩件都可以。

四、護膚品和藥物

氣候、季節與時差本來就容易使人們的皮膚敏感，所以在外出的時候更換護膚品是一個十分不明智

的舉動，如果感覺日常使用的化妝品攜帶起來很不方便，妳也可以把它們分別裝在其他的小瓶子裡帶走。藥物也是一樣，如果有經常需要服用的藥物，不要忘記把它們帶在妳的身旁。

五、電腦與相機

這兩個物品對旅行來說是巨大又沉重的東西，妳可以根據自己的需要來判斷是否一定要帶上它們。有意思的是，據統計有80%的人選擇在出門時將這兩樣帶在身旁，而這其中卻有94%的人是不得已而為之。

六、貨幣

出門不要忘帶錢，這是一個再簡單不過的道理。若是去國外，還需要去銀行跑一趟，搞清楚兌換的匯率。最後是帶信用卡還是帶現金，就要由妳自己決定啦！

七、備忘

在外出的時候，還有很多東西是需要攜帶而又偏偏容易被忘記的，這些小東西可能分量不大、價格不貴，但一旦不在身邊，妳的旅行很可能就會泡湯或者亂成一團。眼鏡可以視為人們身體的一部分啦！如果把它忘在家裡，視力不佳的朋友們可就會感到麻煩了；電話充電器幾乎是最容易被忘記攜帶的物品了，忘記帶它，可是一個低級又常見的出遊錯誤；家門鑰匙雖然在出門時不需要被用到，可是不要忘記妳早晚還是要回來的；如果因為忘記帶機票而誤了航班，妳恐怕自己都不會原諒自己吧！

幾個行李箱才能滿足妳的需要

外出時帶幾個行李箱才是最佳的選擇呢？Lisa以往出門的時候都會帶上許多個大包小包的，搬運時非常不方便，所以Lisa想嘗試一下少帶些行李箱的旅行。可是Lisa也在擔心，過少的行李是否會影響她旅行的舒適度。

出門三週就誇張的帶上四個行李箱是大可不必的，當然也並不是說外出時間越長就要帶上越多的行李箱。實際上，攜帶物品的多寡除了受到外出時間的影響之外，還受到外出的距離、兩地的差異、外出的目的、外出人數等因素的影響。通常因工作出差三週，帶一個行李箱就足足夠用，如果是長達兩個月的旅行，那麼就可能需要兩個大號的行李箱了。

如何讓箱包發揮出最大容積

還記得《哈利波特》中妙麗用的神奇縮小術嗎？聰明的妙麗把所有的東西都縮小，然後裝在了一個比手掌大不了多少的提包裡。妳是不是也想擁有那樣的魔法呢？一個看起來很大的行李箱，還沒放進去

幾件衣服就已經滿了的樣子，有沒有讓妳非常苦惱？先不要著急，裝箱子也是有方法的呢！

方法一、整齊擺放。所謂整齊擺放，就是說衣服要折好、文件和書也要依次鋪平，千萬不能將物品亂扔在箱子裡，那樣會浪費很多空間。

方法二、輕下重上。把輕的、軟的、佔空間大的衣物放在下面，把一些重的物品例如筆記本、書等壓在上面，這樣上面的物品可以把下面的物品壓實，進而節省了空間，而下面柔軟的衣物也可以對上面的物品起到緩衝防震的作用。

方法三、順邊溜縫。妳的箱子可能看起來已經滿了，但是那只是表象。這個時候，妳可以完全不用客氣，把一些小件的物品拼命往裡面塞吧！這個道理就像是往裝滿石頭的杯子裡倒水一樣，水是不會溢出來的。但是大件的物品就不可以再往裡面塞了，更不可以把箱子裝得滿到要自己壓在上面才能拉上拉鏈，否則半路上箱子可能會「罷工」喔！

方法四、拋棄包裝。在裝行李箱的時候，一定要把所有的包裝盒子都去掉，尤其是鞋盒。妳可以用一些塑膠袋或布袋代替那些包裝盒，這也是一個節省空間的好方法。如果妳要帶的東西實在是易碎物品，那麼最好是把它們從箱子裡拿出來單獨手拎。

輕裝便捷——真的能實現嗎？

說了這麼久，妳可能會問，如果按照以上的方法，我就可以做到傳說中的輕裝便捷了嗎？答案當然是——不可以！即使再精簡，有一些東西還是出門必備的，尤其是在妳要去一個妳還要進行工作或社交的地方。妳所需要帶的東西，無論如何一個手提包也是裝不下的。

如果妳確實很嚮往那種揮一揮衣袖的瀟脫，十分想感受一下輕鬆的旅程的時候，別忘了還有一種服務叫做託運！如果想更方便的話，妳還可以叫快遞公司直接把妳的行李箱送去妳要住的飯店。

出門之前

朋友們的細心讓Lisa感到很感動，若不是有他們的提醒，她還真不知道出門之前，在打理好自己的行囊之後，還需要再查看和巡視一下自己的家。巡視的內容主要是觀察一下自己家裡的垃圾是否有處理乾淨；水電和天然氣是不是關好；門窗是不是都有鎖上等等。只有把自己的家內打理得萬無一失，才可能安心盡情的享受旅行的快樂時光。

對Lisa來說，出門之前還有最後一件事啦！那就是把Eddy送去自己的母親那裡，Eddy並沒有像Lisa想像的那樣，表現出沮喪、焦慮或不愉快，反而看起來非常理解Lisa，並且表現得十分冷靜。Lisa看著Eddy純淨而又有一點點猶豫的眼睛，突然想起自己第一次看見他的時候，那時的Eddy才兩歲，整個兒童

收養所裡，只有他看著Lisa的眼神最淡定又最天真。

Lisa沒有猜到，Eddy現在正在偷偷的暗喜，他想著他可以在外婆那裡吃三個星期的披薩囉！可以是各種口味的！

可是，讓Lisa感到無奈的是，由於這一次出門比較匆忙，情急之下Lisa把自己整理時的那些規律一下子都給忘光啦！為了尋找幾樣東西，Lisa不得不把家裡翻了個底朝天，前些天的努力就這樣子被Lisa自己給毀於一旦，費心的規劃都成了瞎子點蠟——白費工夫。Lisa搞不懂為什麼會是這個樣子，想起前幾天辛苦的打掃，她還真是有一種心酸的感覺。

3

辦公室女孩
柳佳

一、仰慕的上司

1

柳佳每天的工作實在不能算做輕鬆，她要幫助自己的上司打點好當天的一切安排，要協調自己上司的一些命令，這對剛剛畢業的她來說已經很吃力了，而且她還要在上司到公司之前，把他的辦公室整理得乾乾淨淨。打掃對於柳佳來說的確是一件棘手的事情，尤其是遇到一個有一點點潔癖的人時，打掃成了她一天中最痛苦的時刻。

「柳佳，把今天的行程給我看一下，另外，妳把我昨天接到的傳真放在哪裡了？」柳佳的上司溫和中透著匆忙的問。

傳真、傳真……看著自己上司，柳佳不知為什麼就不自覺地緊張起來，臉也紅了，神經也變得短路了，結果就更想不起來自己把那份傳真放在哪裡了。最後在辦公室裡搜索了半個小時，柳佳還是沒有找到那份該死的傳真。

柳佳的上司一臉無奈，只好揮揮手說算了，雖然語氣依然溫和，但是表情看起來還是有那麼一點生氣。柳佳沮喪地離開上司的辦公室，她懷疑這一次自己也許真的要被炒魷魚了。

柳佳的上司並不是一個令人討厭的、挑剔的領導者，相反地，他溫和、帥氣、寬容、聰明，是柳佳心目中的偶像。但是，柳佳的邋遢與上司的整潔；柳佳的遲鈍與上司的靈敏；柳佳的平凡與上司的出眾，都形成了鮮明的對比，這使她看起來就像是一隻笨笨的醜小鴨，也讓她從不相信自己有什麼出眾的能力和優點。她認為，可能只要試用期一過，自己肯定要走人了，這樣的公司不可能會留下像自己這樣的人，但是心裡又總有那麼一點點的不甘心。

2

這是一個下過雨的午後，誰也沒想到下午兩點以後，太陽竟然從密布的烏雲中爬出來了。初夏的樹葉經過雨水的沖洗後綠得發亮，在陽光下像掛

滿了一樹的綠色寶石，煞是好看。柳佳的心情也跟著好了起來，原本決定放棄下午的面試的，可是柳佳現在又改變了主意。這麼好的天氣，說不定會給自己帶來好運呢！

柳佳穿上一雙舒適的運動鞋，就來到了她要應徵的公司。到了大廳一看，柳佳當時就心涼了，這哪是應徵祕書的場合？分明就是選美的架勢！其他的應徵者們紛紛穿上高跟鞋、套裝，一個個油頭粉面，都像那剛出落好的花朵般，只有柳佳一副愣頭愣腦的模樣，明顯是剛畢業學生妹。也罷，既然來了，就當看看熱鬧也好。

如果說剛才的柳佳心裡是一陣失望，那麼現在的柳佳，心裡就是一陣絕望！柳佳應徵的是經理祕書，可是當她看見經理的時候，心裡就知道自己一定是沒戲唱了。這個經理有外國明星一樣的好身材，臉部五官也出眾迷人，跟那些什麼姆什麼斯的比起來毫不遜色。看他跟那些高跟鞋們站在一起，一個比一個搭調，早知道這樣，自己也精心打扮一下再過來了，就算不能被錄用，也能跟帥哥混個臉熟嘛！

總算輪到自己了，柳佳的眼睛從進來就沒捨得離開那個經理，被問過一些有的沒的之後，那個帥哥經理終於朱唇輕啟，拋出一個問題：「妳在假期時，最常做的事情是什麼？」柳佳一定是被那張漂亮的臉給搞暈了，竟然脫口而出「整理和打掃」。柳佳的意思當然是，媽媽總是看不慣柳佳的豬窩，所以在假期裡為了少聽幾句嘮叨，柳佳最經常做的事情就是打掃。但是柳佳怎麼能這樣說呢？她至少要說自己會在業餘時間讀書或者運動之類。果然，那個經理在聽完柳佳的回答後，詭異地挑了一下眉毛，然後便讓她出去了。

柳佳到現在也沒弄明白，當時自己為什麼會莫名奇妙地被錄取。一個女孩子的聲音打破了柳佳的回憶：「請問，市場部怎麼走？」柳佳猜她應該也是一個新來的吧！於是把路仔細的指給她。

3

沒過幾天，柳佳和那位新來的女孩就因為同是公司新鮮人的原因，變得漸漸熟絡。

「柳佳，妳知道嗎？你們經理現在還沒有女朋友呢！」曉汀小聲地對柳佳說，聲音裡掩飾不住透露出來的興奮。

「哦，知道的。」柳佳一邊裝作若無其事的樣子，一邊在肚子裡邊嘀咕，「還用妳告訴我嗎？我打來這的第一天就打探清楚了！」

「妳怎麼好像都不感興趣的樣子，我好羨慕妳呦！同樣都是祕書，我怎麼就沒遇見一個那樣的上司呢？」曉汀越說就越顯得哀怨無比。

柳佳則在心裡暗暗竊喜，她想：「嘿嘿，誰叫我先來一步，搶了美差呢！」

不過話說回來，公司裡那個叫大衛的經理，也就是柳佳的頂頭上司，還真是一個人見人愛、英俊瀟灑的傢伙。他就像神一樣，滿足所有人的審美趣味，公司裡大大小小、裡裡外外、上上下下、男男女女，沒有伴侶的人都看著他流口水，有伴侶的也都偷偷惦記著他的「美貌」。而且就是這樣的一個人，為人卻是溫和又穩重，辦事能力強、頭腦又聰明，柳佳覺得他除了有一點點小潔癖之外，真可以算的上是一個完美的人了。如果能和這樣的人白頭偕老，恐怕少活幾年也值得了吧！柳佳想到這裡，又不由自主地害羞起來。

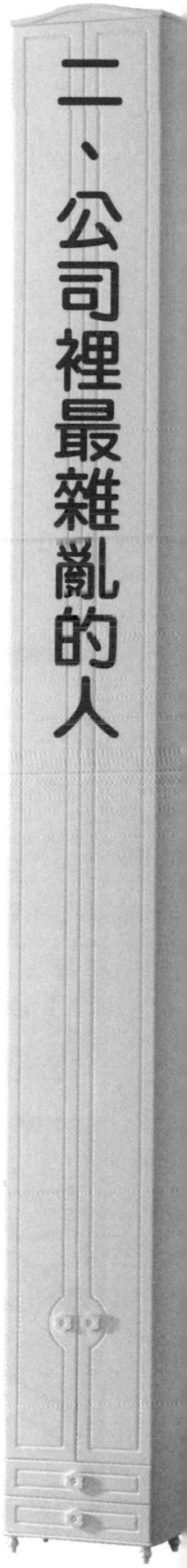

二、公司裡最雜亂的人

聚會上的指人遊戲

整個公司現在都沉浸在一片喜悅當中，因為兩年一度的狂歡晚宴就要到啦！柳佳和曉汀被稱為很幸運的新人，因為晚宴是兩年舉行一次，所以很多人都是苦苦盼了兩年才有幸參加這個傳說中極具特色的宴會，而她們兩個剛到公司就趕上了。

以柳佳短淺的見識和匱乏的想像力，她如何也想不明白一個晚宴為什麼會讓那麼多人興奮和期待，但是看老員工們那種幸福的表情，柳佳猜想宴會應該不會太爛的。

一直到柳佳走進宴會的大廳，她才隱約體會到了前輩們口中的「極度奢華的夜晚」和「天堂一樣的兩天」。宴會的大廳被佈置得非常浪漫，深藍色的天花板上閃爍著無數盞乳白色的水晶燈，大的有南瓜一樣大，小的大概只有乒乓球大小。周圍的牆壁上畫著雲彩、美人和宮殿，而且據說這些壁紙是特別為了WH公司而貼上去的。每一個人都按照自己的喜好盛裝打扮，沒有任何的著裝約束，柳佳看見他們的財務部部長，一位胖胖的中年婦女，竟然穿著一件紅色的無肩小禮服，而且還在脖子上戴了一個亮閃閃的粉色水晶蝴蝶結。單是這些已經讓柳佳目不暇給了，她還沒看到餐廳的情景呢！

柳佳徑直來到裡面的餐廳，邊走還邊掂量著，原來自己在的WH公司如此有實力，辦個晚宴都豪華無比。很快，柳佳就在餐廳裡找到了自己部門的同事所在的餐桌。餐桌上各種美味和美酒美不勝收，剛開始她還有一點理智地和大家有說有笑，三杯酒下肚以後，所有的人都開始肆無忌憚起來，柳佳不勝酒力，更是忘乎所以。

時間一分一秒地過去，午夜十二點多，大家還在興致勃勃地吃喝不停。柳佳在的這張桌子上，人們正在玩一個指人遊戲。一個人說出一個條件，然後大家指出最符合這個條件的人，然後那個人喝酒，再由他說出下一個條件，依此類推。柳佳迷迷糊糊的都

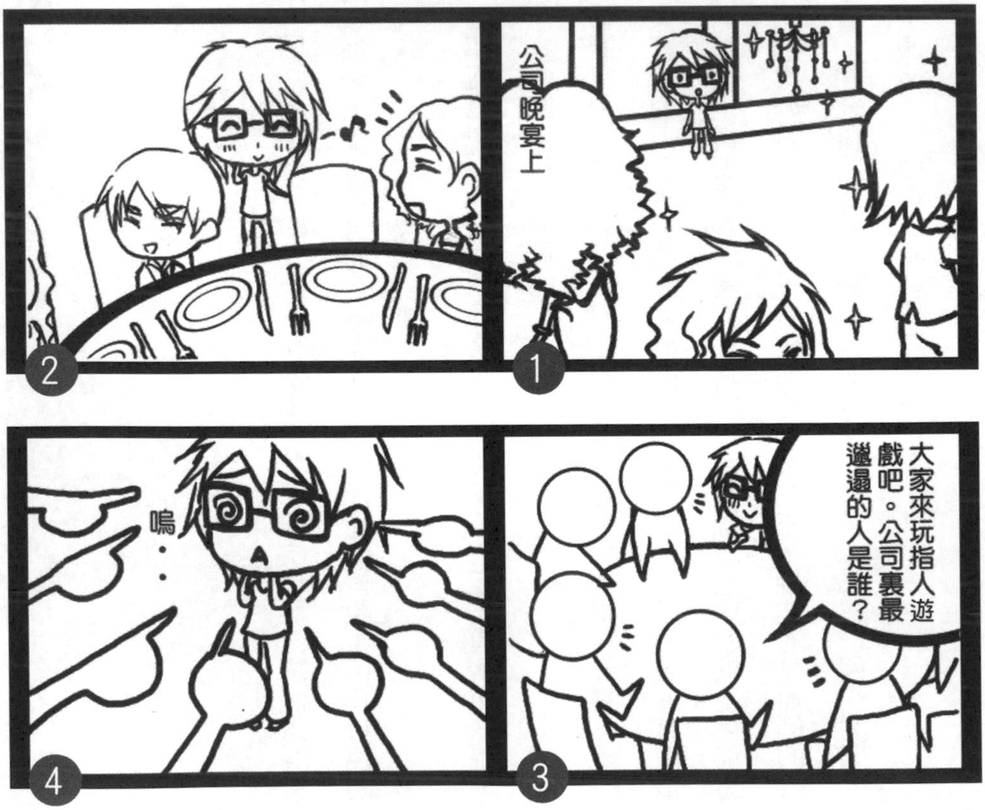

搞不清楚誰在說話，這時一個聲音提出了一個條件，那個聲音問：「公司裡最邋遢的人是誰？」

柳佳嚇了一跳，只見二十多隻手齊指向自己，沒辦法，只好迷迷糊糊地低頭喝酒。這幾杯酒一下肚，柳佳真是再也支撐不住，倒在桌子上就睡了起來，好像還夢見自己被人家扣上了邋遢鬼的帽子。

為什麼被留下

上一次的宴會過後，一切又恢復了正常，柳佳在宴會上玩得很開心，也喝了很多酒，最後大家都留到了第二天早上才走。但是那一次的宴會也讓柳佳成為了公認的最邋遢的人，柳佳很鬱悶，因為她自己也發現，大家說的並非名不副實。

但是更讓柳佳感到鬱悶的事很快又發生了！

柳佳這一天照常很早來到公司，除了前臺小姐，公司其他的人都還沒有到。柳佳本想開始為大衛打掃房間，可是她又突然間想到，有一份應該昨天複印的很重要的文件沒有複印，於是她打算把文件複印好。可是偏偏這個時候又出差錯，那一份文件被放在哪裡，她又忘記了。抽屜裡？沒有。文件夾裡？也沒有！柳佳急得跳腳，突然間柳佳想到，那張紙很可能是不小心時，掉在辦公桌下的縫隙裡啦！於是柳佳一咬牙，把褲子往上一提，整個人就鑽到了辦公桌下面。

這時，皮鞋聲和說話聲音傳了過來，柳佳聽出那是自己的上司大衛和人事部經理的說話聲。如果被

大衛看見自己從桌子底下鑽出來該有多糗，所以柳佳還是決定躲在桌子底下，等他們走過，自己再出去。

人事部經理和大衛顯然很熟悉，兩個人你一言我一語，柳佳竟然還聽見了自己的名字。

「馮經理，公司最近來了好多新人啊？」大衛問。

「怎麼你想換人了？柳佳那個孩子，當時就是衝著她說自己愛整潔，你才執意要錄取她，沒想到，她竟然是公司裡最邋遢的人，哈哈。」馮經理用開玩笑的語氣對大衛說。

柳佳聽見大衛和馮經理笑著走遠，心裡突然很不是滋味，她努力回想自己什麼時候說過她愛整潔，想來想去估計是大家把她的那個業餘時間大多在整理的事情給誤解了。

一定是大衛本身很愛整潔，在聽見柳佳說自己經常整理屋子以後，誤認為柳佳是個喜歡乾淨整齊的女孩，所以把她錄取做自己的祕書。沒想到，柳佳竟然是個不擇不扣的邋遢鬼！想到這裡，柳佳感到一陣酸楚，自己被錄用果然是個並不美麗的天大的誤會。

裁員風波

柳佳兩個月的試用期還有半個月就結束了，她的心現在七上八下，不知自己能否順利的通過。柳佳當然還是希望留在這家公司的，如此優厚的待遇和溫和的老闆可不是哪裡都能找得到。她想自己也許該做點什麼，可是到底該怎麼做，她一點也不清楚。

曉汀又一臉神祕地跑過來，「這次可是獨家新聞，這消息保證妳還不知道呢！」

柳佳不知她指的又是什麼事情，於是好奇地尋問：「又發生什麼新聞啦？」

「人事部那兒說，現在公司人員太多，正準備裁員呢！是我剛才在洗手

1
文件又找不到了・・・
2
啊！在這裡！
啪、
桌子底下・・・
3
是大衛經理和人事部經理・・・
最近來了很多新人吧？
4
大衛你想換人了？柳佳說她愛整潔你才把她招進來，沒想到她是公司裡最邋遢的人啊，哈哈！

間裡聽兩位總監議論的，以後我們說話、辦事可要小心點了，搞不好會被裁掉的。」曉汀說完後，擺出來一個恐怖的表情。

這番話也的確把柳佳給嚇到了，看來自己的美夢才剛一開始，就面臨著破滅的危險。不用說別的，憑自己這個邋遢的樣子，不裁自己裁誰呢？而且整個公司只有自己看起來沒有什麼用處！

可是柳佳轉念又一想，自己也不能就這樣坐以待斃吧？就算是垂死掙扎，也要掙扎那麼兩下子，總好過默默無語地消失。所以柳佳下定決心，在兩個月試用期滿之前，改掉自己邋遢的習慣，讓所有人，尤其是她的老闆大衛看到一個全新的柳佳！

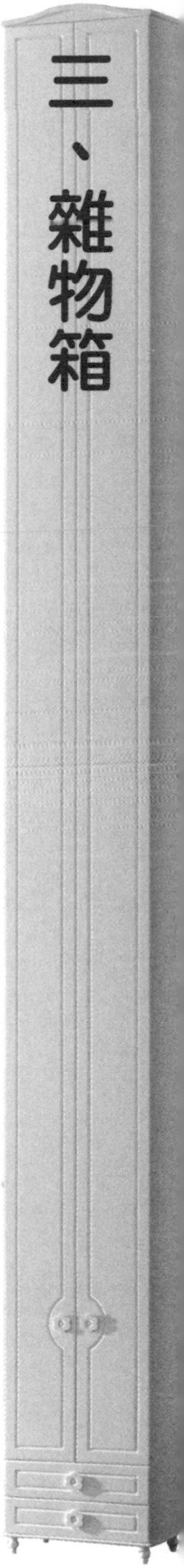

三、雜物箱

這是整理箱還是潘朵拉的恐怖盒子？

柳佳決定要讓大家對自己另眼相看，可是卻不知道該從哪下手，如何下手。自己的桌子看起來也沒有特別髒亂嘛！跟大家的差不多。可是為什麼會被冠上第一邋遢的「名號」呢？

不得已，柳佳只有請來一位「軍師」為自己「指點迷津」。柳佳請曉汀參觀了自己的辦公區域，可是曉汀看了一圈也沒有看出來什麼端倪。一切看起來都很正常，可是為什麼柳佳總在找東西的時候慢慢吞吞的呢？曉汀想了一個檢測柳佳的方法，「既然妳每次都找不到東西，而且出了名地亂放別人的東西，不如我們就來模擬一下妳找東西的情景，說不定能幫妳看出什麼破綻呢！」

柳佳同意了曉汀的方法，曉汀讓她找的第一件東西是她與公司簽訂的試用期合約，她想這份合約在期滿時還需要用到，所以應該算是重要的物品，柳佳應該會很清楚它放在哪裡吧！果然，柳佳在想了一會兒後，打開她辦公桌下面的櫃子，然後在櫃子裡拖出來一個箱子，把頭埋在裡面不過幾秒中，就把那份合約找了出來。曉汀並沒有從中看到任何的問題，所以她們繼續檢測。

這一次曉汀讓柳佳尋找的是一本心理測試的雜誌，上次她在柳佳這裡見過那本雜誌，她想知道柳佳對這些看過了的舊雜誌會不會亂扔亂放。只見柳佳再想了一會兒後，又打開剛才那個櫃子，拿出剛才那

個箱子，然後把頭埋在裡面兩分鐘後，終於把那本雜誌給找出來了。曉汀想那個箱子可能是專門用來存放一些文件和書的，可是也並沒有看出來柳佳在尋找時出現了什麼問題。

曉汀讓柳佳尋找的第三件東西，是柳佳每天都要吃的口香糖，雖然每天都要用到，可是口香糖的體積比較小，曉汀不知道柳佳會把它放在哪裡呢？這一次柳佳顯然沒有前兩次那樣自信了，但在想了一分鐘以後，她還是打開了那個箱子，然後把頭埋在裡面。三十秒過去了、一分鐘過去了、三分鐘過去了，柳佳還在那裡孜孜不倦的翻找。

曉汀終於忍不住把頭湊過去看了看那個碩大的箱子，不看不知道，一看真的嚇了一跳。這個箱子哪裡是專門裝文件的，大到文件，小到鉛筆，甚至還有早餐喝的優酪乳，亂七八糟堆了大半箱子。柳佳這時滿頭大汗地從裡面鑽出來，一臉抱歉也說：「可能口香糖不在我的整理箱裡面。」

曉汀聽了柳佳的話，感覺又好氣又好笑，「妳說妳那個什麼？整理箱？」曉汀忍住笑反問道。「我終於明白問題出在哪裡了，柳佳，妳那個哪是什麼整理箱？那分明就是潘朵拉裝滿醜惡的盒子嘛！」

雜物箱的壞處

柳佳說，由於自己不知道該如何整理物品，所以就索性找來這麼一個雜物箱，把所有的東西都放在這裡面。

曉汀很認真地告訴柳佳，這個方法事實上有很多的缺點。

一、這樣做並不會節約空間，反而浪費掉了大量的地方。

曉汀告訴柳佳，她來公司才兩個月，東西就快堆滿了一整箱，等到時間一久，這個箱子肯定不能裝下所有的物品。而且這麼大的箱子，無論是擺在桌面上還是櫃子裡，都有礙美觀。

二、翻找困難。

曉汀相信這一點柳佳已經有切身體會了，在這樣深的箱子裡找一個檔案夾還可以，但是要想找一些零零碎碎的小東西，無異於海底撈針。

三、被人發現後不雅觀。

如果在公司被人發現妳一頭埋在大箱子裡，那可就太糗了。曉汀告訴柳佳，要時刻維護好自己的形象，若要改掉自己的毛病，必須先扭轉自己在別人心裡的邋遢形象。如果不注意，妳很可能一輩子被稱為邋遢鬼！

四、物品容易遺失或損壞。

曉汀終於明白為什麼柳佳拿出來的合約和雜誌都是那麼慘不忍睹了，在那樣「擁擠」的地方堆放紙製品，當然非常容易損壞。在不停地翻找過程中，這種紙類比較脆弱的物品和一些怕壓、怕摔的物品，恐怕一個不小心就會壽終正寢。

是什麼造就了恐怖雜物箱？

曉汀對柳佳的雜物箱做了更深層的分析，她指出，柳佳之所以發明並依賴上了這個恐怖的箱子，主要是兩大原因造成的：

一、柳佳不懂得怎樣準確地把物品規劃分類，才造成了東西放在哪裡都是亂。繼而才使柳佳有了反正放在哪裡都亂，還不如讓它們亂在一起的糟糕想法，並發明了這個糟糕的箱子。

二、柳佳有隨手亂放東西的習慣，如果是隨手一放，放在別的地方很可能就找不到了，還不如放在她的雜物箱裡。這種心理使柳佳更依賴上了她的箱子，也使這個箱子裡面堆滿了各種亂七八糟的東西。

沒有不好的方法，只有不當的利用

當然，所有方法都有它存在的價值，好壞也不是絕對的。只要利用得好，某些爛招也能救命呢！對於這樣的雜物盒子也是一樣，在辦公室裡不能被用的話，在其他的場合、其他的情境下，則可能會有用武之地呦！

臨時使用：這種雜物箱雖然有諸多缺點，但是它也有一個很大的優點，那就是能快速收納很多東西。這用在家裡很快就要來客人，又沒有足夠時間整理時，是很管用的喔！妳可以把所有的物品都裝在這個箱子裡，然後再把它隱藏起來，妳的家就會瞬間變得非常整齊。在搬家或者搬房間時，這個方法也很實用。

放同類物品用：把物品大致分一下類，然後再裝進這樣的盒子裡，即使是以後尋找起來也不會麻煩的。妳可以弄一個這樣的箱子只裝文件，或者只裝髒衣服等等。小小的方法加以改進，用處還是滿大的。

在家裡使用：在辦公室有這樣的東西，看起來很不雅，但是在家裡沒人看見就無所謂啦！妳可以在一個相對隱祕的地方放一個這樣的箱了，大開方便之門。但要參照前面的兩個使用條件，否則放的時候方便，找的時候可就麻煩了。

四、本子和文具

這份工作是柳佳畢業後的第一份正式工作，她也是第一次坐在全是格格框框的辦公室裡，所以對於這樣的環境該如何整理與收納物品，她是一點也不熟悉的。她隱約覺得這應該和在教室裡整理書本差不多，可是經歷了幾週以後，她發現完全不是那麼回事。在幫助自己的上司大衛整理辦公室時，柳佳更是理不出頭緒，整天都處在大錯偶犯，小錯不斷的狀態。

而曉汀的工作經驗與整理經驗就稍微豐富了一些，她知道什麼東西應該放在哪裡，什麼東西可以隨手扔掉。所以柳佳虛心求教，請曉汀來為自己講了一堂生動、獨家、實用的文件與文具收納整理課程，而且還是完全免費。

課程一、文件大魔咒

文件是辦公室物品中，最難整理、最重要，也最容易遺失的一類物品。如何讓這些紙張有智慧地乖乖聽話，讓它們全力配合好工作，還真得有一全套管理的辦法。曉汀把這些文件簡單的分了一下類別，這樣更方便柳佳這種初級整理菜鳥的學習與實踐。

第一課：普通資料

一部分並不是特別重要的普通資料，可能佔文件中的大多數，例如公司的一些通知、行業相關的宣傳資料、其他資料的備份等。這些文件通常數量比較多，一個月下來就會有十幾份到幾十份不等，所以在整理它們的時候，要找一些比較能裝的檔案夾，檔案夾也不需要是全封閉的，最普通、最實惠的就可以了。

而且，這部分文件需要定期翻閱，以便把過期的或失去價值的垃圾文件清理掉，通常一個月翻閱一遍就可以了。

第二課：傳真

傳真文件本身也分很多種類，也有重要與普通之分，整理時可以把它們歸類到其他的文件中。但是傳真也有它的特殊性，即可證明性，可以說它是介於信件與文件之間的一個過渡品。也可以把它單獨保存，若把它們按照時間的順序排列好統一整理，尋找起來就十分的方便了。

由於一個辦公室通常只有一、兩臺傳真機而不會有太多，所以曉汀還提醒大家，收到別人的傳真後，一定要記得即時轉交給收件人，如果收件人當時不在，一定要把這份傳真擺放在明顯而不容易被忽視的位置。

第三課：重要文件

終於說到重要文件的整理啦！無論是商場還是職場，都有一部分重要的文件。那幾張不起眼的「破紙」，對老闆來說可能是一筆生意或幾張訂單，但是對於像柳佳這樣的小職員，極有可能就是決定自己去留的「審判書」。

這類文件數量通常不會太多，收納時要注意放進完全封閉的檔案夾裡，然後一定要記得鎖起來，並保存好鑰匙。

職場裡重要的文件通常有雙方蓋章或者簽字的合約類、包含著重要資料或稿件的機密類，還有一些判決書和投訴書等隱私類，如果你的重要文件實在過多，也可以酌情把它們分類儲存。

第四課：標籤

老闆讓妳找一個文件，妳至少需要找上十幾分鐘嗎？曉汀告訴妳一個三分鐘找到文件的方法，那就是——為妳的檔案夾貼上標籤！標籤上的資訊與標籤的分類都可以靈活調整，只要妳自己看著方便，符合妳的需求就好。如果妳是客戶經理，可以把文件按照幾個重要的客戶劃分並貼上標籤；如果妳是設計師，可以按照設計對象的性質劃分好妳的草稿，然後貼上標籤，以此類推。

柳佳的檔案夾在曉汀的幫助下，也貼上了標籤，她的普通文件已經裝滿了兩個半檔案夾，柳佳把每個裝滿的檔案夾上都標註了裡面保存的文件的時段，這樣以後尋找起來就會非常方便。

到現在，曉汀的第一課就算講完啦！但以上方法只是針對一些有代表性的簡單辦公室文件，如果妳已經通過了整理的「四級考試」，早已不是柳佳這樣的菜鳥，妳也可以按照自己的特殊習慣與愛好整理自己遇見的文件，相信憑藉著清晰的條理和豐富的辦公室經驗，妳也遲早會在這一張張的紙之間遊刃有餘的。

課程二、辦公室文具

辦公室裡用到的文具並不算多，屈指數一數恐怕也可以數得出來，但是東湊西拼，它們很可能在不知不覺中就佔用了整整一個抽屜的空間。現在曉汀就開始為柳佳傳授有關辦公室文具的整理和擺放常識，希望它們可以讓柳佳的辦公桌變得更有人氣！

第一課時：必不可少的經典辦公用具

別看辦公室的辦公用具種類多，其實真正經典的也就只有兩個物品，一是原子筆，二是記事本。這兩個物品才是真正無法替代，又不能沒有的。

原子筆不用多說，在簽字或記事時都要被用到，所以辦公室準備的筆最好是藍色或黑色的。很多人喜歡在辦公桌上準備很多支筆，其實完全沒有必要，我們早就告別了「彩色鉛筆一大把」的年代了，備

用的原子筆一支足夠，過多會增加整理的負擔。

記事本更是不能過多，否則就失去了它的實效性意義了，妳甚至會忘記把資訊記在了哪個本子上。如果覺得把所有的東西都記在一個本子上有點亂，妳可以買一個有三到四個分層的記事本，這樣的記事本已經用漂亮的分頁夾為筆記本分好了標籤，一般的文具店裡都可以買得到。當然妳也可以自己動手改造一個，然後標上物流記事、會議提要、留言轉告等等。

第二課時：可以省略的辦公文具

日曆：如果妳的辦公桌已經「人滿為患」了，那麼可以首先考慮把又大又礙事的桌曆去掉。現在的電腦和手機上的日期記事本與會議提醒等功能，一應俱全，老式桌曆除了美觀，早已沒有什麼使用價值了。

計算機：除了從事財會的朋友，其他人準備計算機實在是多餘，簡單的加、減、乘、除可以用心算或筆紙，複雜一點的則可以藉助電腦，板式的計算機會讓年輕人看起來像個老古董呦！

筆筒：想一想除了兩支原子筆，妳還經常用到哪一支筆呢？實在想不出來的話，就把筆筒也給省略掉吧！這個世界變化太快，如今的辦公就連畫圖都用電腦了，恐怕以後除了簽字，兩支原子筆也沒有用武之地了。

訂書機：與以上三個文具相比，它在辦公室裡還算是使用價值比較高的。但是如果硬想把它省掉也不是不可以，大不了在關鍵時刻向別人藉用一下。

第三課時：文具的「奇思妙擺」

辦公室那一畝三分地實在不能算是寬敞，所以曉汀本著以「節省土地」為本，時刻「教育」柳佳要節約空間、合理利用空間。如果把辦公室的文具集中起來，竟佔用了一個抽屜的空間，那可就太浪費了，如何讓它們既不礙事又不佔地，才是這節課的重點研究話題。

奇思妙擺一：電腦主機上方。這兩個地方其實有很大的空間被人忽略，但是人們完全可以擺上一些例如日曆和筆筒等輕便的物品，只要擺在上方的物品不影響散熱、不會過重就可以啦！

奇思妙擺二：在櫃子側面貼些小掛鉤。櫃子的側面也可以是一個小空間，用幾個超級市場買來的便捷小掛鉤貼在那裡，然後把記事本掛起來，翻閱和記事時，連抽屜都可以省得拉開了，豈不是非常方便。

奇思妙擺三：能塞原子筆的鍵盤。支起來的鍵盤與桌子之間有一個大大的縫隙，就是這樣的地方也不能浪費，一些沒有用筆筒的朋友，可以嘗試把原子筆放在鍵盤下面，還有一些鏡子之類的小玩意兒也可以藏在那裡。

課程三、書信、郵件和包裹

柳佳的書信總被胡亂丟棄在任意位置，但是曉汀指出這樣做非常不正確。我們可以把需要留下的書信集中在一起，然後按順序排列起來，對於不需要保存的書信，也要即時的撕毀或銷毀掉。隨意亂丟信件不但是對寫信給妳的人不尊重，也是對自己不尊重。

郵件和包裹也是如此，如果需要保留的話，應該按時間順序保留下來，如果不要保存的，要把寄信人的地址和姓名等銷毀掉。曉汀還特別提醒柳佳，如果是在公司裡收取、寄出郵件或包裹，一定要有一份自己的「登記」，要把寄件人和收件人，還有日期、經手人等都記清楚，方便以後查閱。

課程四、幫別人整理房間

說起幫助別人整理房間的經驗，曉汀給出的建議就是：打掃為主、整理為輔、謹慎收納。每個人都有自己存放物品的習慣，若把他們隨手放置的物品給整理了，人家可能會找不到自己的東西。尤其是在妳並不瞭解房間主人的時候，自作聰明的整理，很可能會給他人帶來大麻煩。況且，如果上司讓妳幫忙打掃房間，那他無非是懶得自己擦桌子或者是不希望大家看見自己拿掃把掃地的樣子，妳只需幫他們做一下最基本的清潔工作就好。

如果遇見非常明顯需要妳幫助收納的東西，比如上司的桌子上有一份非常輕的重要文件，而窗子又是打開的，很可能一陣風就把文件吹走了時，收納也要遵循顯而易見、符合主人的習慣、容易尋找等條件。遇見以上情況，最佳的選擇是在文件上壓上一個重物，或把文件放進他書桌的正中央最常用的抽屜裡。

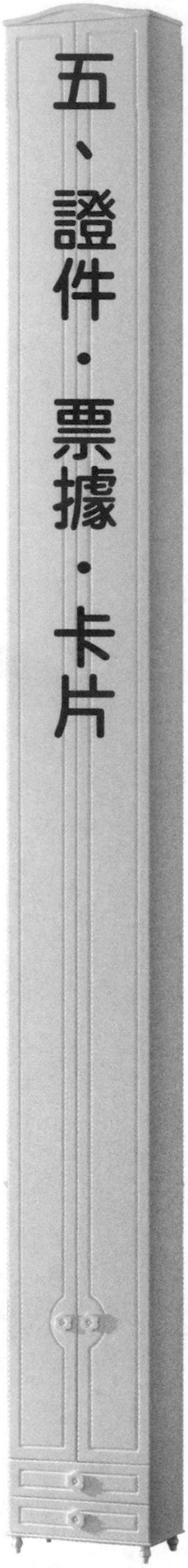

人的一生有多少證件

從出生的那一刻到現在，柳佳的證件足足累積了一箱子。出生證明、疫苗本、健康證、身分證，長大以後還有學生證、畢業證書、專業證照等數不勝數，這些證件哪個也不能丟掉，如果把它們堆放在一起，尋找起來又相當不方便。

要在柳佳這麼一大箱子的證件中找到那個需要使用的證件，簡直是難上加難。可是若想要把這些證件分類，又該依照什麼樣的劃分辦法呢？

一、按時間分類。我們可以把證件按照發放或我們接收到的時間來分類，比如以五年為一個跨度，然後把每個時間跨度裡的證件存放在一起。這樣整理的好處是在歸納時比較方便，只需逐一按照證件上的時間排序，然後捆綁或分裝就可以了。

二、按證件的內容分類。比如柳佳就把自己的證件分為：醫療健康類、社會關係類、職業技能類和休閒娛樂類。這樣分類的好處是便於尋找而且查看時一目了然，缺點則是容易出現漏洞，在歸類時會偶爾出現不知道該把某個證件歸在哪裡的情況。

三、按使用的頻率分類。把證件按照使用的頻率分類，聽起來是一個挺聰明的想法，但實際操作起來，還有很多需要注意的地方，在證件少的時候還可以輕鬆整理，一旦證件多了，按照這個條件分類就會變得十分困難。

四、按人員分類。如果家裡的人口比較多，證件也可以按照人員來分類，這樣就防止家裡有大量的證件聚集在一起，尋找與保管起來也更方便。

五、按發放的場合分類。把公司發給的證件分為一類、學校發給的證件分為一類、政府機關發給的證件再分為一類，這樣在尋找時，只需回憶一下需要找的證件是從哪個地方發下來的，然後就可以按照劃分好的種類尋找啦！

六、按證件的尺寸分類。如果考慮到美觀或收納方便，我們還可以按照證件的尺寸來分類。這是個比較實用的分類方法，也可以適用於大多數人，無論是整理還是尋找，用這個方法都會很方便。

收據與發票，該扔還是留？

柳佳的辦公室裡有一堆發票，家裡又有一堆買東西時的收據，她認為留下來以後可能會有用，但是有什麼用？她也不知道。

辦公室裡存放著的各式各樣發票也與日俱增，柳佳都不記得哪些是有必要留下的，哪些是已經過期

了的。這些又薄又小的紙張不僅容易遺失，還很容易損壞，數量多起來，翻找和收納也都變得十分麻煩。

曉汀建議柳佳，辦公室裡過了期或者沒有用的發票，一定要即時處理掉，而需要保留的發票，也要用小夾子或袋子仔細整理，以防損壞。她還建議像柳佳這樣本身就沒有什麼整理天賦的朋友們，將那些在保固期和包退換日期之外的收據，大可放心丟掉。還在保固期或可退換日期之內的收據，則可以把它們與買來物品所帶的包裝放在一起，如果怕遺失，也可以收集起來單獨存放。

錢包裡的卡片

柳佳的所有皮夾都是最大號的，攜帶起來麻煩的不得了，她為什麼不選擇一個稍小一點的錢包呢？難道真的是錢多得裝不下？這一點讓曉汀感到很奇怪。經過詢問才知道，原來柳佳的皮夾裡裝的鼓鼓的東西都是些卡片，金融卡、信用卡、購物卡、折扣券、會員卡、名片等等，這就難怪了，光是這些卡就有十多張，不選一個大一點的錢包，還真是裝不下。其實，並不是什麼卡都需要時刻帶在身上的，我們可以根據一些場合，有選擇性地攜帶卡片，達到為錢包「減重」的目的，以便為自己換上一個小巧精緻的漂亮錢包。休閒時，皮夾裡面可能要裝更多的卡片，這就需要換上大號的皮夾並減少一些名片之類的物品。

此外，很多卡片是帶有磁性的，所以在收納時要注意它們之間的間隔，不可以讓兩張卡片離得太近。存放卡片的地方也不要靠近電話、電腦、磁鐵或其他高磁高輻射的地方，以免卡片消磁。

六、如何清理個人電腦

你有沒有意識到，有一些看得見卻摸不到的文件資料，也在等待著被整理呢？沒錯，那些文件就在電腦裡。

電腦是每日工作和生活的必用「武器」，如果你的電腦裡面是一片混亂，那麼你日常的工作怎麼可能流暢、高效起來呢？如果你以前並沒有注意整理這個虛擬而無處不在的機器，那麼就從今天開始堅持定期把它整理和「打掃」一番吧！

電子郵件的清理

除了即時刪除沒有用的文件，沒有什麼更好的清理郵件的好辦法了。無論你郵件裡還有多麼寬裕的容積，信件也一定要記得即時處理。建議想要偷懶的朋友們可以使用一些拒絕垃圾郵件的軟體，這樣就不至於受到大量亂七八糟廣告的影響。若想訂閱郵件，則一定要在訂閱之前考慮清楚自己的需求，已經訂閱但已經不需要的郵件，也要記得立刻退訂掉。

你的文件

電腦出廠時設置的「我的文件」通常都被存在C槽的桌面裡，但在這裡我們說的是所有你用到的文

件。

看起來紛亂複雜的常用文件和資料其實非常容易分類，在電腦裡，你只需把它們分為文件、圖片、音樂、視頻四個大類別，然後按照你的喜好和習慣再分別分出幾個小類。比如你可以把圖片分為拍攝、素材和作品三個小類，在拍攝裡面，又可以分為風景、人物、動物三個子檔案夾，依此類推。

值得注意的是，辦公室裡的文件類是最不容易整理的。每天接到或者新生成的文件往往都有數十個，這些文件在儲存時一定要做好區分與排列，文件的名字也要寫的具體明確，不可以圖方便就用字母或數字代替。柳佳就總在新建文件時忘記填寫檔案名，結果在使用電腦時，一堆「新建文件」讓她不知如何是好。

還有，這些文件如果你習慣把它們存放在C槽裡，不要忘記備份。如果重灌或恢復原始設置的時候，C槽的資料通常會被通通清掉。

桌面

電腦的桌面就相當於家庭的客廳，除了每天自己使用，更重要的是面子問題。電腦桌面上的圖示盡量不要超過三十個，否則視覺上就會產生雜亂感。其實，我們常用的桌面快捷方式往往不到三十個，只要不再亂放其他的文件於桌面，整理桌面還是很輕鬆的。

既然文件不能擺放在電腦的桌面上，那麼該把各種文件放在哪個槽裡呢？這裡也給大家簡單的介紹一下。通常C槽是系統槽，一些系統文件都是存在這裡的，而重灌時，這裡的文件也自然會受到影響。一些程式與軟體在安裝時，也會默認把檔案存在C槽裡，這時就要注意，要即時把它們移動到D槽裡，因為電腦的D槽才是用來存放程式的。其他的磁片則是用來裝一些個人文件或者資料之類。

私人電腦與辦公室的電腦

提到辦公室的電腦，它在整理上與私人電腦還是有很大的區別的。如果說私人電腦是一個完全隱私的封閉的個人空間，那麼辦公室的電腦只能算做是一個半封閉的場所。因為很可能你的同事或上司會偶爾需要用一下你的電腦，所以在整理時，辦公室的電腦需要被清理得更為「乾淨」一點。一些與工作無關的資料或文件，都不可以出現在辦公室的電腦裡。如果你更謹慎一些的話，瀏覽網頁時的歷史紀錄也要即時刪掉。

七、管理帶電線的那些小魔鬼

「需要時它偏偏消失了，剛要把它遺忘，它反而出現在自己面前，像是一團亂麻！剪不斷，理還亂……」

別以為柳佳正在戀愛，其實她說的是那些帶電線的大大小小電器！這些拖著「長尾巴」的東西已經把柳佳搞得頭暈眼花了，有的時候想找卻怎麼也找不到，好不容易找到了，才發現自己要用的那一個與其他的「長尾巴」死死地絞纏在一起。

帶電線的小物品有哪些？

柳佳並不是一個電子或電器的瘋狂崇拜者，即便這樣，她那些帶著「長尾巴」的小魔鬼也足有十幾二十個，若是一些喜歡電子產品的潮男型女，恐怕這些東西的數量還要多上幾倍。現在我們就來看一下，這些拖著「長尾巴」的小型物品都有哪些。

帶著電線的小型物品通常都是一些電子產品的「衍生物」，比如一個手提電腦，就可能要衍生出電源線、耳機線、滑鼠、視訊等至少四條線。而一個手機，也需要有充電器、耳麥、資料線等至少三條線。MP3播放器、數位相機、電子辭典也都是如此，這樣看來，很多人家裡有數條「尾巴」的現象就不稀奇啦！

如何讓這些小魔鬼聽話？

這些「有尾巴」的小傢伙與其他物品不同的地方，在於它們不易存放，搞不好眾多尾巴就會糾結在一起，讓人頗為惱火。所謂預防大於治療，管理類似情況的方法要運用在它們亂掉之前，否則它們真的糾纏在一起，除了拿出耐心慢慢解開，就是天王老子來，也沒有更好的方法了。

想要這些小魔鬼不互相糾纏，首先要讓它們安分守己。用小塑膠袋把每個帶電線的小東西裝起來是個不錯的辦法，如果嫌麻煩，也可以準備一些綁頭髮的橡皮筋，在把電線一圈圈的圈好後，用橡皮筋綁起來，也可以起到固定的作用。

把每一個帶電線的小東西都捆綁或裝好以後，還要注意為它們做上記號，因為這些帶線的小東西們通常長得十分相似，如果不是特別熟悉它們，很可能就會在尋找時暈頭轉向。如果用袋子裝，可以在袋子上面貼上小標籤，這樣就可以一目了然裡面裝的是哪一個啦！如果是用橡皮筋捆綁，則可以把標籤貼在電線的一端，或者是貼在充電器上，上面寫上「我的手機充電器」之類，保證你再也不會為分不清楚它們而煩惱。

該把這些小東西收納在哪裡？

捆綁又標識好的這些小東西，收納起來就簡單許多啦！事先已經做了明確的標識，把它們都集中在一起放置就可以了。如果沒有能一口氣容得下它們的抽屜，也可以把它們簡單的分一下類，比如分為充電器類、耳機類、資料線類等等。但是最好不要分得太過複雜，否則為尋找增加了負擔。

為了避免忘記攜帶，這些電子產品衍生出來的小東西，也可以被放在它屬於的電子產品的包裝裡。例如可以把數位相機的充電器、電池、資料線等，都裝在相機的包裝盒裡，在出遊時只要記得把裡面的東西都帶上就可以啦！

讓家電電線消失的辦法

除了上面說的小型電子產品的電線，家裡的一些大型電器的電線也非常麻煩，並不是因為它們難以尋找，而是因為它們散落在家裡的每一個角落，看起來十分不美觀，還容易把人絆倒。

如何讓這些電視機、電冰箱、洗衣機、電腦的電線乖乖聽話又能變得美觀呢？柳佳從網友那裡和書上學到了許多好辦法！

辦法一：為了讓電器的電線乖乖的貼服在櫃子後面或者是牆角，很多人想到了把它們黏在固定的位置，可是普通的膠水都黏不住電線，而用膠帶即使是透明的膠帶也會十分不美觀。一位在網上認識的叫做popo的網友，為柳佳想出了一個十全十美的黏電線的方法，那就是用蠟油！把蠟油滴在可以把電線固定住的幾個點上，待蠟油變得不燙且柔軟的時候，把電線壓在上面，然後用手簡單地按壓幾下，晾乾後，電線就會結實地黏在牆角啦！並且幾乎看不出來有黏合的痕跡。要把電線撤除時，只需要用指甲輕輕刮幾下，地板與牆面上都不會留下難看的痕跡。這個方法要注意兩點，一是要注意蠟油的量要足夠，否則影響黏合的程度，二是要注意蠟油的溫度一定不能過熱，否則會燙壞電線。

辦法二：柳佳還從書上學到一個自己動手做電線導向盒的方法，原料是一些牙膏盒子或者裝燈管的盒子，方法也很簡單。先是動手把長方形的頂和底去掉，然後去掉四個面其中的一個面，用膠帶或膠水把它變成一個長的三角形狀的長桶，然後把電線穿過這個「隧道」就可以了。如果想要美觀一點，還可以用顏料或者包裝紙把它包裝一下，甚至貼上一些亮片或者珠飾，讓它變得精美絕倫。

辦法三：如果你時間夠多又心靈手巧，則可以嘗試讓電線變身為漂亮的植物枝蔓。買來咖啡色或深綠色的皺紋紙，然後繞著圈一點一點把每一根電線都包裹好，並用咖啡色的膠帶固定，然後用綠色的皺紋紙做成葉子的樣子，或者也可以把塑膠花或絹花的葉子剪幾個下來黏在上面，這樣一條條的「枝蔓」就初步做好啦！但是只有這樣還不夠像，下一步就是將這些枝蔓彎曲的黏在牆壁上或地板上，注意彎曲角度自然才最像是大自然中的枝蔓，你還可以讓這些枝蔓纏繞

攀爬在你的書桌甚至沙發上。

電線的保管注意事項

介紹了各種裝飾與收納電線的方法後，柳佳還要提醒大家一些電線保管時的注意事項。

一、讓電線遠離高溫。電線在通電時，本身就會產生較高的溫度，如果再與高溫物體接觸，就很可能被燒壞甚至融化，後果不堪設想。所以在安置電線時，一定要讓它們遠離火源和高溫的環境。

二、防止過度彎折。過度的彎折或磨損會加速電線保護皮的損壞，導致電線漏電。所以在收納時要注意不要把電線壓在重而硬的物品下，彎折時也要輕而緩慢，電線用到一定的年限之後，要注意立即更換。

三、防止遇水或者潮溼。電線外面有橡膠保護層，並不怕水，但是一些與電線相連的電器或者插頭就不一樣啦！插頭大多是金屬的，如果上面有水滴，很可能會漏電的。

八、書櫃上該放哪些書？

什麼書該放在書櫃上？

柳佳的書本很多，這讓無論是公司還是家裡的書櫃，相形之下顯得小的可憐。顯然小小的書櫃裝不下柳佳所有的書，那麼如何區分哪些書是可以被放在書櫃上的呢？

柳佳上學的時候整天接觸書本，所以對整理這些東西還是比較在行的，但是辦公室裡該放哪些書，可就要請教曉汀了。

柳佳家裡的書櫃其實並不小，裝滿的時候也容納過約兩百本書。所以柳佳把一些自己經常看的，和一些外觀比較漂亮、整齊的，或者一些要督促自己經常翻閱的書，全部擺放在書櫃上。這其中包括：近期的雜誌、字典或一些工具書、成套的名著、自己十分喜愛的數本小說等等。

而辦公室的書櫃只是立在辦公桌上的幾個小鐵片，最多也只能裝下二十本書，與家裡的書櫃沒有辦法相比。柳佳不清楚這麼小的辦公室書櫃上都該放些什麼書。曉汀則告訴柳佳，辦公室裡的書櫃，主要都是放置文件用的，沒有必要擺放很多書。除了當天的雜誌、報紙，也可以擺放一些字典、地圖，或者與自己的行業相關的書，因為這些書都是在工作中可能用得到的。

書櫃的格局與書本的分類擺放

為了使家裡的書櫃看起來更整潔美觀，柳佳把自己的書櫃從頭到尾的整理規劃了一遍。首先就是為書櫃上的這些書分類，柳佳把書櫃裡的所有書分成了五大類，分別是工具書、雜誌、小說、散文和其他。其中小說的數量佔最多，工具書所佔的數量也並不少，而且重量最大。

柳佳把她的繁重工具書放在了書櫃的最下方，以防止書櫃因為頭重腳輕而傾倒。之後她把散文放在了最上面，因為與其他書籍相較起來，散文並不是每天都要閱讀的。最後她把剩下的書也分別裝在了書櫃上。為了給新書留出地方，柳佳並沒有把書櫃全部裝滿，這樣以後新買的書與雜誌，也有了容身之地。

四個書櫃小知識

經常與書本打交道，善於整理書櫃的柳佳還有四個關於書櫃整理的小知識，不失為很好的解決辦法。

一、書櫃的防蛀。因為書櫃大多是木質的，而書本也很容易生蛀蟲或者招引螞蟻，所以柳佳提醒大家，家裡的書櫃一定要定期地噴灑驅蟲藥水。書本也不可以長時間擺放在書櫃裡，每逢陽光充足的好天氣，可以把書櫃的書搬到陽光下晾曬一下，有助於防蛀和防潮。

二、防止書本裡的小細菌。書本在翻閱時，經常與人的手相接觸，在不知不覺中滋生了很多細菌，消滅這些細菌最好方法是讓書本曬太陽，為書櫃經常通風保持書櫃的乾燥也可以防止細菌的滋長。

三、擦拭書櫃時要注意不可太溼。擦拭書櫃時一定要記得要用乾抹布擦乾以後再把書本放進去，潮溼是很容易讓書本發霉的。

四、擺放時並不一定要把書立在書櫃上。人們在整理書時總喜歡把書立著放置，因為這樣擺放便於查閱和拿取，但對於一些又高又寬的雜誌來說，這樣擺放會讓整個書櫃看起來不美觀。應該把它們橫著擺放整齊，以達到美觀與節省空間的作用。

如何儲存書本

對於沒有放在書櫃上的書本，柳佳也有好的方法。

一、吹乾：如果保持乾燥，書本就不會發霉。使書本乾燥的方法除了晾曬，還可以用風扇或者吹風機吹乾，這個方法可是柳佳的獨門祕笈呦！

二、包裝：若是可以把一本本書本都包上書套的話，也可以讓書籍看起來更年輕，在各種書套中要選擇光滑又厚實的效果才算好，如果能用保鮮膜再在書套上裹上一層，效果就更棒啦！

書本可以被「拋棄」嗎？

常言道：「書中自有顏如玉，書中自有黃金屋」，所以很多人都捨不得把書本丟棄掉，以致於家裡的書越囤積越多，十幾年下來，簡直能與一個小型圖書館相媲美了。書籍自然寶貴，但也不是只進不出。書籍分很多種類，一年一讀，每次閱讀都能給人帶來新感悟的書，我們稱之為經典；只瞄一遍，然後就可以一笑而過的，我們稱之為速食。對於一部分「速食書籍」，就沒有必要把它們一直留在家裡。你可以做個順水人情，把它們送給沒有看過的朋友，也可以賣給小書販，都好過把它們留在家裡餵蟲子。

九、辦公室裡不應該出現的東西

為什麼會被公認成雜亂王？

曉汀的一句話讓柳佳覺得十分有道理，她說：「改掉別人對妳的印象，要比改掉自己的習慣更困難。」柳佳自認為在曉汀的幫助下，已經把邋遢的毛病改掉了很多，但是大家依然不停地叫她雜亂王，並樂此不疲。

想讓別人改掉對妳的不良印象，就要先瞭解產生這種印象的原因，柳佳對此展開了一系列的「調查」與「採訪」。

「妳的桌子上到處都是零食與垃圾，看起來就像是一個小學生在郊遊。」

「公司的衣服掛鉤上掛滿了妳一個人的衣服。」

「妳總是把用過的便條紙隨手放在我的桌面上。」

……

大家投訴的聲音此起彼伏，雖然柳佳知道這些同事並沒有惡意，但還是感到非常傷心。她首先向大家道歉，並表示以後會改過自新，也請大家時刻監督著自己的行為，幫助自己改掉缺點。

這下可好，柳佳的同事對她還真是不客氣，現在柳佳每天都會接到投訴自己的字條或者留言，總結了一下，大多數是反應對自己在辦公室裡亂放物品。

在辦公室擺放什麼會讓妳「被炒」

柳佳不得不又請來曉汀幫自己的忙，辦公室裡到底不可以放什麼樣的物品呢？曉汀應柳佳的請求，為她總結出了七個最容易「被炒」的物品，我們一起來看一下吧！

一、零食：在辦公室尤其是辦公桌上擺放零食，不是讓人感覺妳很幼稚，就是讓人覺得妳太過清閒無事可做。很容易想像，當所有的人都忙得不可開交的時候，妳卻在一旁咯咯吱吱咬著零食的場面讓上司看見，他會是什麼樣的心情。

二、衣物：公司可以說是一個公共場所，在公共場合堆放自己的衣服和鞋子顯然是不明智的舉動。很多女士喜歡在辦公室放上一、兩雙備用的鞋子，但這些東西過多，就會妨礙大家了。

三、植物：在辦公室裡放植物也會讓自己被炒嗎？答案是：當然！喜歡植物的人可能不少，但是妳沒辦法肯定妳的同事中有沒有植物過敏者，而且在春、夏季節，一些植物很容易會招攬一些小昆蟲。在情人那裡捧一大束鮮花回來就更不可以，大多數人會覺得妳在炫耀，還會使一些沒有戀愛或者感情受挫的人感到沮喪。辦公室若一定要擺放植物的話，最好選擇綠色且常見的樸素植物。

四、閒書：在辦公室裡存放閒書是最容易惹惱上司的一個舉動，如果妳在公司裡還有時間看閒書，可見妳是多麼「清閒」。一般情況下，上司會認為留妳在這裡是浪費資源的行為。

五、味道重的物品：即使是妳認為香甜美味的物品，也不要輕易帶到公司，因為在別人聞起來那很可能是刺鼻的，更別說是榴槤、指甲油這些公認的「鼻子」殺手，它們會讓妳的人緣變得很糟糕。

六、垃圾：如果妳的垃圾已經累積了一大堆，那麼以最快的速度把它們扔掉吧！尤其是在週末或例節假日之前。千萬不能讓妳的垃圾

囤積在辦公室裡，否則妳外表再整齊，也會被認為是一個「腐亂女」。

七、能發出吵鬧聲音的東西：一些定時鬧鐘或者是奇怪的電話鈴音，最好也不要帶到公司，吵鬧的聲音會影響他人的注意力，也會讓人覺得妳不夠嚴肅。

怎樣才能杜絕這些物品出現在辦公室裡？

如果想杜絕以上的物品出現在辦公室，最好的方法當然就是改掉在辦公室堆零食、堆衣服、堆化妝品及其他雜物的習慣，這需要自己強大的自制力與一段適應的時間。如果想在短時間內甚至立刻讓這些東西在辦公室消失，只憑一己之力是絕對不可能辦到的，此時，就需要求助一些獨門小偏方啦！

偏方一：鐵面無私的同事與朋友。正所謂人多力量大，群眾的眼睛那是雪亮的！透過之前的「投訴」，柳佳也發現了她的同事們的「鐵面無私」，既然有了現成的「人力資源」，柳佳也毫不客氣地加以「利用」起來。她請所有的同事們都為自己做監督，並立下規矩，以後如果發現自己亂放物品或者邋裡邋遢並即時舉報者，均獎勵星巴克咖啡一杯，或同價值的其他飲品。獎勵政策實施的第一個星期，柳佳就買了五杯咖啡，這讓她心疼不已。

偏方二：強勁的壓力。沒有壓力就沒有動力，沒有動力就沒有執行力。但是外在壓力往往是無法人為模擬的，所以這個偏方只適合一些處於「逆境」中的朋友。好在柳佳現在正好有得天獨厚、渾然天成的「壓力資源」擺在眼前，那就是前一陣子吵得沸沸揚揚的裁員風波，如果自己這樣邋遢下去，那麼被裁掉的人員就是非她莫屬了。為了保住飯碗，柳佳無論如何也要迅速改掉這個習慣。

偏方三：頭懸樑、錐刺股。古人用暴力手段讓自己苦讀書，柳佳也決定使用暴力手段讓自己改掉壞習慣，有一句話說的好，「女人，要對自己狠一點」！於是柳佳發明了幾個「暴力」整潔方法。比如不帶錢包上班，因為難以控制自己在午休的時候買零食，所以上班乾脆連錢包都不帶了，讓自己想買都無法買。再比如把垃圾袋與自己的皮包綁在一起，這樣以後下班的時候就會時刻記得把垃圾袋扔掉等等。這樣的方法見效雖快，但是也有不少副作用，比如在自己遇見「突發狀況」的時候，竟然要向同事借錢買「衛生用品」；有好幾次，柳佳都背著綁著垃圾的背包上了公車，下了車才明白為什麼旁座的男孩總看著自己。

偏方四：讓自己看到誘惑。要改掉壞毛病，只強迫也是不行的，需要軟硬兼施方能事半功倍，兵書上的說法則叫做「威逼利誘」！所以柳佳在辦公室的抽屜裡放了一張漂亮的芭蕾舞者的照片，每當自己想吃零食的時候，她就拉開抽屜，看看人家那窈窕的身材，然後告訴自己：「不吃零食，妳也能變成這樣！」或者在打掃和整理時，偷偷幻想一下喜愛整潔的上司正在追求自己。這樣的方法也很奏效，柳佳竟然開始不那麼討厭整理了，只不過會偶爾在打掃時因為幻想得太嚴重，而不小心撞到門框上。

沒有明文規定的辦公室禮儀

在辦公室裡除了要保持乾淨整潔不邋遢，其實還有很多需要注意到的禮儀。如今在競爭激烈的職場，只要稍一疏忽，就很可能會讓自己落後一步，而人際關係，恰恰是很重要的一個環節。我們如何處理好辦公室的人際關係，遵守什麼樣的辦公室禮儀呢？下面來看看曉汀的建議吧！

除了一些明文規定的禮儀規範，如按時上下班等，曉汀還提醒大家，有一些不成文的規定也是務必要遵守的。比如不在辦公室吸菸、不可以大聲喧嘩、不用公司電話私聊、不突然闖入別人的辦公室等等，這些都是最基本的。如果你是辦公室的老員工，那麼可以反省一下自己是不是遵守以上的禮儀，如果你是公司的新員工，那麼就要仔細觀察一下公司是否還有其他不成文的規則需要遵守。小心駛得萬年船，謹慎一點會讓你擁有一個好人緣。

談到如何處理好人際關係，曉汀並不是要教你如何阿諛逢迎、察言觀色，而是要告訴你怎樣讓自己的一舉一動不會得罪到別人。柳佳之前的行為就是一個案例，辦公室裡最邋遢的人是不會受人歡迎的。同樣，辦公室裡最體貼老闆的很可能會被人認為是「馬屁精」；辦公室裡最性感的女生最容易招人嫉妒；辦公室裡最巧舌如簧的員工往往被扣上只說不練的帽子；而辦公室裡最一絲不苟的上司一定是每個人心中的痛扁對象……如上所述，檢查一下你是不是辦公室「之最」，如果你不幸正是如此，那麼快點想辦法挽回你的人氣吧！

十、上班用包包

柳佳上班之前

小的時候媽媽教育柳佳說：一日之計在於晨。直到上班以後，柳佳才真正明白了這句話的含意。

每天從睜開眼睛起床到匆匆忙忙上班，不過幾十分鐘的時間，卻要做那麼多的事情，搞得柳佳每天都雞飛狗跳一般！洗臉刷牙十五分鐘、穿衣打扮二十分鐘、吃個早餐十分鐘、整理包包十分鐘……等一下，你可能要問，這洗臉刷牙、梳妝打扮都容易理解，可是「整理包包十分鐘」是什麼意思？沒錯！柳佳就是要在每天上班之前，都挪出時間來整理上班用的包包，而且每次都要整理十分鐘之久。

先把所有的東西都掏出來，然後把當天不需要用到的東西挑出去，再想一下是不是有什麼今天需要用到的東西，最後把需要用的物品重新裝在包包裡，這麼一來一回，可不就需要十幾分鐘了嗎？可是即便是這樣，柳佳的包包還是很亂很雜，丟東落西也是家常便飯。為了讓自己能在早上多閉一會兒眼睛，也為了不再忘記帶什麼重要物品，柳佳希望能迅速找到一個整理上班用包包的好方法。

上班用包包的特點

不同於其他場合使用的包包，上班時使用的包包是有它自己的特點的，如：

一、上班用包包陪伴自己的時間最長，所以裡面的物品需要比較全面，它除了要滿足妳上班的需求，最好還能包含妳下班後臨時約會所需要的物品。

二、上班用包包不能太重、太大，如果太重不僅攜帶起來比較麻煩，而且視覺上也不夠優雅。

三、每天上班用包包內的物品大同小異，所以整理起來簡單快捷，不需要像其他包包一樣仔細斟酌。

四、上班用包包通常需要裝一些重要的物品，一旦忘記些什麼，也沒有辦法返回家取，所以容易犯下大錯。

上班用包包裡應該裝些什麼東西？

說了那麼多上班用包包的特點，那麼上班用包包裡面到底應該裝些什麼東西呢？為了便於列舉，我們可以把上班用包包裡面的東西分為四類，然後再一一清點。

第一類：出門必帶品，這些物品不僅在上班的時候需要攜帶，而是只要出門，就必須將它們帶在身邊，例如鑰匙、錢包和手機。

第二類：辦公室用品，如工作證、簽到卡、隨身碟、記事本和發票等在工作時會用到的一些物品。

第三類：化妝品，補妝用的蜜粉和眼線、唇膏、眼影一類，這些物品不用太多，否則會讓皮包變得很亂。

第四類：即時品，一些當天或即時需要用到的物品，例如，下雨天的雨傘、開會時要帶的錄音機、工作需要的身分證等等。

通常一個上班用的皮包裡，只要以上四類物品齊全就可以被放心的帶出門了，而如果想檢查一下自己的包包有沒有忘了帶什麼東西，也可以按照以上的四個類別分別檢查。

如何安排包包內的物品？

我們每天在整理和安排上班用包包的時候，以上的分類也能幫上大忙。因為每一類物品都有它們的特點，所以整理起來只要稍微加以區分，就可以減少很多整理時的負擔。

第三類化妝物品，由於在家裡休息的時候也有可能用到，所以在用過之後記得重新放回包包裡，並且基本上每週更新一次就可以了；而第一、第二類物品則可以不用做任何的更換與整理，最多偶爾看一下它們是不是被小偷扒走了；第四類即時品是唯一一個需要每天更換的物品，更換時間也最好是在前一天的晚上，這樣才不會在匆忙之中遺落物品。如此下來，妳就可以每天多睡十分鐘，然後放心地拎起包包就走人啦！

口袋一族的好與壞

鋼筋水泥取代了農家小院、網路電腦取代了筆墨紙硯，然而在現代化的社會中也依然不乏一些追求自然、喜歡返璞歸真的朋友，他們上班不帶皮包，而是把所有的東西都裝在一個類似購物袋的大袋子中，再簡樸一點的乾脆就直接用塑膠袋了，更有甚者連塑膠袋都省略了，需要攜帶的物品主要靠衣褲口袋和雙手來承擔，我們稱這些人為「口袋一族」。而「口袋一族」們也有他們的優勢與劣勢，在扔掉皮包之前，你可要仔細的分析清楚呦！

好處一：不容易被搶，這應該是一個很實用的優點，尤其是對經常走夜路的女孩子來說，不能不算一個好辦法。相信如果拎著一個與買菜大媽類似的袋子在大街上走，無論是被偷還是被搶的機率都會小很多，兵書中這個叫做障眼法。

好處二：可以製造搭訕的機會。男主角幫助女主角拾起散落一地的文件，然後兩人相識，電視劇中這樣的情節屢見不鮮。所以如果妳不背包包上班，就可以把文件抱在懷裡，然後把文件「不小心的」散落在帥哥面前，說不定會遇上一段好姻緣呦！

好處三：看起來比較有型。誰也不知道為什麼，但是不帶皮包的男生看起來的確就是多了幾分瀟灑與隨意，尤其在喜歡的女同事面前，總有男生願意裝酷幾次。

壞處一：夏季會比較麻煩。在冬天，口袋一族的朋友們可以把錢包、手機等需要隨身攜帶的物品裝在上衣或褲子口袋裡，可是到了夏天，衣服變得輕薄起來時，攜帶這些東西就顯得比較麻煩了。

把錢包塞在夏季的衣服裡看起來會非常難看，更何況一些女士夏季穿的裙子，根本就沒有口袋。

壞處二：會被人們當成散漫的代表，雖然不能說皮包是上班族身分的代表，但是就如同小學生一定要背書包一樣，即使回家完全沒有作業，小朋友還是要背著書包回家。所以除非你是老闆，否則不帶皮包的人絕對會被認為是個散漫的傢伙。

壞處三：使用起來不方便，無論是冬天的衣服口袋與夏天的布袋，其功能性與美觀程度確實還是不能與皮包相比的。想像一下，在沒有任何間隔的布袋子裡翻找一把小鑰匙，那該有多麼的困難！

什麼樣的人更適合做口袋一族？

一、上班所需攜帶的物品不多的人。可能妳是不拘小節的傻大姐，也可能妳的辦公室裡已經「配備」了所有「設備」，根本就無需再攜帶什麼。無論是什麼樣的情況，只要妳的確沒什麼可帶上班的，就完全可以做一個瀟灑的口袋族。

二、職業特殊的人。如果妳是大老闆，那麼在上班的時候盡可以兩手空空；如果妳從事的是一些特殊的職業，可能也不需要帶皮包；如果妳是搞藝術的潮人，那麼就隨妳把手機縫在袖子裡，或是把鑰匙掛在褲腰上了。

三、想彰顯自己風流倜儻的個性的人。如果妳想吸引某個辦公室的異性注意，或者是想讓大家都認識妳灑脫不羈的個性，大可以拋棄中規中矩的皮包，做出一副「揮一揮衣袖，不帶走一片雲彩」的架勢。

四、想從公司走人的人。如果妳跟老闆或上司同在一個辦公室，那麼妳也可以用這個溫和的方式來表達妳對目前狀況的不滿，這相當於在對老闆說「我終於下班了」或者是「我想把工作從生活中徹底分離出去」。

十一、好溫柔的聲音

克服困難的過程是艱辛的，但好在成果還算甜美。柳佳經過長達半個多月的自我整治，終於甩掉了「大邋遢」的帽子，現在公司裡，再也沒有人這樣稱呼她了。她的辦公桌每天都如此整潔，甚至比其他的女員工還要乾淨漂亮，工作上也變得有條理起來，儼然從一個神經大條的學生妹，變成了精明的OL。

今天是一個特別的日子，柳佳把她的上司大衛的辦公室擦了又擦，理了又理。上司大衛經過了半個月的假期，今天是銷假上班的第一天。柳佳在這段時間只顧著學習整理，還真有點把那個帥哥忘在腦後了，不過現在想起每天又可以見到他了，依然感覺到有一些興奮。

大衛的皮膚被曬得發紅，不過面容依然俊朗。他與每一個員工都親切地打過招呼，當然也包括柳佳，柳佳看得出來，他的上司今天的心情還算不錯。

「柳佳，麻煩把今日的安排表給我看一下，還有需要簽字的文件也一起帶過來！」大衛爽朗地說。

柳佳答應以後，就迅速從每個貼好標籤的檔案夾裡抽出已經準備齊的文件，整整齊齊的排列好去向上司報告了，整個過程算起來也不到五分鐘的時間。當她看見大衛表現出的微微驚訝表情時，心裡立刻掠過一小陣竊喜——「哈哈沒想到我變得如此神速了吧？」

午餐剛剛過後，每個人都懶洋洋地歪倒在椅子上，把所有的血液集中在消化系統。這時大衛一臉正

經地找到柳佳，叫她去一下辦公室。這可把柳佳嚇得不輕，大衛回來才不過半天，大概還沒看出來自己的「進步」，不會這樣急著就把自己炒了吧？自己不會在還沒來得及「平反」的時候就被「處死」了吧？柳佳越想越覺得委屈，心裡七上八下，忐忑不安。

「柳佳，妳來公司也已經兩個多月，過幾天就過試用期了……」說到這裡大衛還故意停頓了一下，而柳佳聽到這樣的開場白，更是嚇得臉色鐵青，緊張得大氣都不敢喘。大衛接著說：「妳前一段時間的表現，公司和我都覺得不錯，所以這幾天妳籌備一下，準備把合約簽了吧！妳看一下，有什麼不明白的再過來問我。」然後大衛遞給柳佳一份合約，就不再說話了。

這一消息，對柳佳來說，就像天上的烏雲一瞬間變成了太陽一樣，既突然又令人興奮。她還沒回過神來，站在那裡愣愣地又問一句：「這麼說我被錄用了？」大衛抬起頭，看了看柳佳，然後露出他那迷人的微笑，溫和地說：「當然，妳雖然有時候比較粗心，但是性格開朗積極，綜合能力還是不錯的，做為我的祕書還算稱職。」

這下柳佳的心裡可真是美呆了，她被公司錄用為正式員工了！而且大衛剛才的語氣是那樣溫柔，她還從沒聽過上司這樣溫和的誇獎自己呢！柳佳樂不可支地捧著合約走出大衛的辦公室。

4

大衛的時間表

一、預言

4月15日

大衛換上一雙舒適的休閒鞋和嶄新的白褲子，然後挑選了一件自己最為得意的淺橙色T恤，把頭髮整齊地梳到腦後，對著鏡子微微一笑，露出一排整齊潔白的牙齒。當然還不能忘記一個最最重要的道具，大衛來到路邊的花店，仔仔細細地選了一束她最喜歡的黃色玫瑰，花朵和大衛的衣裳相得益彰。

可別以為大衛這是要去與女朋友約會，二十七歲的大衛還沒有女朋友呢！今天這樣精心的打扮，是為了去陪他最最親愛的外婆參加一個老年音樂派對的舞會。大衛可以說是在外婆的照顧下度過自己的童年的，小時候的大衛父母不在身邊，只有外婆每天照顧他吃飯、陪著他玩耍、哄著他睡覺。可是自從大衛上了中學，搬去了父母住的城市，就再也沒有時間好好陪陪外婆了。不過現在好啦！外婆在不久前來到了大衛所在的城市，而且看起來她也相當適應這裡的環境和生活，參加各種老年俱樂部的活動，每天玩得不亦樂乎，沒有表現出一點點老年人離開家鄉之後的惆悵什麼的。

外婆看見大衛的打扮和一大束玫瑰之後，果然欣喜若狂，挽起大衛的手就大步流星抬首挺胸地朝俱樂部裡走去。其實大衛很清楚自己今天要扮演什麼角色，外婆只不過想讓別人羨慕一下她有一個如此體面又乖巧的孫子和舞伴而已。

果然，大衛發現，他們才剛出現在俱樂部的門口時，就投來了一波波羨慕與好奇的目光，再一放眼望去，大衛看見滿場都是年過半百的老先生、老太太，心裡不禁有些後悔當初答應了外婆的請求。可是再看此時的外婆，那叫一個喜不自禁、氣宇軒昂！

老年人的娛樂，實在讓大衛感到有些無聊與無奈，先是讓人毫無食慾的自助餐，接著是連續不停的好幾十年代的舞曲，現在又換成了簡單得不能再簡單的有獎猜謎遊戲，四個小時過去了，不知道接下來還有什麼無聊的節目在等著他。

「我們來抽紙牌看運勢吧！」一個

頭髮花白的老伯提議道。大衛看那老伯早已是「知天命」的年紀了，實在是想不出來，他還有什麼未知的運勢需要占卜。占卜的遊戲也是同樣的無聊，就是十幾個人，每人抽出三張牌，然後由主持人來一一解釋這些牌對於那個人的意義，諸如此類。大衛本想藉機開溜，可是沒想到，一個踉蹌就被外婆給拉到了擺好紙牌的桌子前。小半圈的人都摸好了牌，臨到大衛，他無可奈何地拿了三張離他最近的撲克紙牌。

「主持人」已經開始為這些大叔、大媽們一一解牌了，有的說要注意身體、有的說會收到禮物、有的說可能會得子女（結果搞得人家老先生身邊早已無法生育的老婆婆鬧了好一陣子，主持人終於以可能會得孫子或外孫之類自圓了其說）。到了大衛這裡，外婆殷切地幫他翻開紙牌，三張牌分別是，紅心三、梅花六、紅心QUEEN，解牌的阿姨貌似仔細的研究了一番這三張牌，然後十分肯定地告訴大家：「這是一副姻緣牌！這個小伙子要遇見心儀的對象囉！並且是在下一次月圓之前！」然後大叔、大媽們對自己一陣恭喜，好像大衛明天就新婚了一樣。外婆更是一臉眉開眼笑信以為真的樣子，直到宴會結束，她都還沉浸在這個鬼預言帶來的興奮之中，直到大衛把外婆從車子裡搬出來，然後把連哄帶騙地塞回她的家裡，並關上門以後，耳邊才得以安靜片刻。

紙牌？姻緣？上了年紀的老婆婆或是小女孩才相信這些，大衛轉眼就把今天的事情忘到腦後了，他還有工作、生活、學習、興趣等等一大堆的事情要忙呢！

二、匪夷所思的鄰居

4月20日

邂逅美人的方式有很多種，比如古典小說中常見的場景是一位錦衣華服的翩翩公子行於熱鬧市集，突然一條柔軟的絲巾從風和日麗的天空飄下，抓起絲巾嗅之，陣陣幽香，抬頭瞭望，好一位皓齒明眸的美貌嬌娘……

不過大衛這一次的邂逅卻恰恰相反！他反而成了把「手帕」遺落了的那個人了。大衛的藍色襯衫剛剛被洗好晾曬，可是偏偏陰差陽錯，一股春風吹來，它就飄飄然的隨風而去了。大衛目視著他那件薄襯衫在風姑娘的帶領下，左搖右擺、東飄西蕩地掛在了樓下陽臺外面的護欄上。他試著用掃把、用任何長的東西去勾、挑，可是一點用也沒有，看來只好去樓下的鄰居家裡敲門幫忙了。

門打開的時候大衛嚇了一跳，一個漂亮的女子穿著大圓領的家居服出現在大衛面前，她頭髮自然的捲在腦後，顯露出一點點慵懶和隨意的姿態，而表情卻因為看見自己的突然到來而表現得十分驚訝，大衛還真不知道自己家的樓下，原來住著這樣一個「甜姐兒」。

女孩去了好久然後回來說，她也沒有辦法取下掛得很遠的襯衫，並且家裡還有客人，希望大衛半個小時以後自己來取。難道這個女孩子就穿成這個樣子接待「客人」？大衛不禁感到奇怪，他只好搔搔頭

準備過一會兒再來拿自己的襯衫。

半個小時以後，大衛來到女孩的家裡，這時她已經換了衣服，也綁了馬尾，經由自我介紹大衛得知她叫Lisa。Lisa的家裡看起來還算整齊，橙色的窗簾與棕色的地板讓整個房間充滿了淡淡的杏色，十分溫馨，這種溫暖輕鬆的感覺在自己的房裡是很難得一見的。但是Lisa的家裡也有一些讓人感到奇怪和匪夷所思的地方，比如說他無論如何也猜不出來那個放在客廳裡的用暗紅色布簾圍住的東西是什麼，外形看起來有點像童話中兩個裝滿財寶的箱子；再比如他看見Lisa家的鞋架上擺著兩盆小花，可是它們好像早已經枯死；更奇怪的是，大衛透過衛浴空間的門縫，竟然看見兩個麵包擺在架子上，難道會有人在浴室裡吃麵包？大衛現在對這個奇怪的房間和面前這位美麗的女子都充滿了強烈的好奇。

衣服拿到以後，Lisa大方的邀請大衛喝了些飲料，大衛發現他與Lisa還滿談得來，不知不覺幾個小時就過去了，大衛很高興能遇見這樣一位有趣的女孩，不過可惜她已經有孩子了。可是大衛從來沒有在這一樓層看見過男士，況且，Lisa的家裡連雙男士拖鞋都沒有，所以大衛猜想，Lisa很有可能是一位單親媽媽，只是看起來年輕一些罷了。

三、「桃花盛開」的大衛

4月30日

校友聚會讓大衛找到了很多學生時代的影子，還遇見了一個熱情如火的女孩子Pola。

學校還是老樣子，幾年過去仍然沒有什麼變化，可是面孔都是陌生了的，校友聚會上來的都是小自己幾屆的學生，大衛在聚會裡轉了幾圈，也沒有遇見一個自己的同班同學。於是大衛找了一個偏遠的角落坐了下來，可是沒過多久他就發現，自己的身邊原來正坐著一位漂亮的女孩。她穿著黑色的漆皮夾克，裡面卻穿著典雅的白色裙子與珍珠項鍊，看起來剛剛畢業而已。最有意思的是，她明明拿了兩個雞翅擺在面前，卻一口都不吃，每一次大衛看見她，她都在一口一口的抿著飲料。

這時迎面走來一個女孩和自己打招呼，大衛認出那是自己在學生會的時候認識的一個學妹，叫做冰冰，湊巧的是，冰冰與坐在自己身邊的夾克女孩竟然認識。經過冰冰的介紹，大衛得知夾克女孩的名字叫做Pola，是冰冰的同窗好友。互相認識以後Pola立刻大方的稱讚大衛「帥氣」，大衛發現Pola實在是個熱情爽朗的女孩子，既有男孩子的幽默頑皮又有女孩子的甜美，就這樣大衛與這兩個女孩幾乎聊到了聚會結束，然後他們互留了電話，Pola在臨走之前表現出很不甘心的表情，這讓大衛感到很有趣。

5月4日

大衛的公司今天要為他招募一位祕書，前來應徵的幾十個女孩子一個比一個漂亮，讓大衛偷偷的開心不已。而最後獲得這個職位的，是一個剛剛大學畢業的女生，一個留著隨意的短髮、穿著牛仔褲、有張蘋果臉的女孩。她在不經意中給人清新自然的感覺，就像初夏枝頭的綠色葉子一樣，而且每次大衛直視她的時候，她都會臉紅，讓大衛覺得她很可愛。

可是讓人比較頭痛的是，這個女孩明明說自己喜歡打掃，卻在工作中表現得有一些邋裡邋遢，甚至搞丟十萬火急的文件。有幾次惹得大衛實在是想發火，可是看到她那比自己還難過的樣子，又怎麼都開不了口了。

5月13日

五月本已經過了桃花盛開的季節，可是大衛的「桃花」季節卻好像剛剛到來。接二連三的「豔遇」還真搞得他有點目不暇給呢！身邊一下子就多了三個不同類型的美麗女孩，接下來，大衛還將會被什麼樣的「桃花運」砸到呢？

晴朗的下午，大衛正穿著顏色豔麗的襯衫，在東南亞的小島上享受天空傾瀉下來的金子般的陽光。可是誰會想到，這個時候竟然有一塊不小的石頭從天而降，正好砸向自己的大腿，大衛的第一反應是自己遇見天災了，可是當他發現其他的人都毫無反應時，才明白過來，根本就沒有什麼自

然災害，自己這是被人給「暗算」了。

光天化日下，到底是誰看自己如此不順眼，跑到面前一看，無巧不巧，用石頭砸自己的竟然就是自己樓下的鄰居Lisa。Lisa竟然把自己當成了一隻巨大的蜥蜴，這讓大衛感到十分難以接受，可是Lisa抱歉的表情實在楚楚動人，讓大衛不得不立刻忘記了自己的疼痛，轉而笑臉相迎呢？

在與Lisa結伴觀光的十天左右的時間裡，大衛的右腿還時而隱隱作痛，他真懷疑，如果自己沒有強健的身體，搞不好真的會被砸出個三長兩短來。

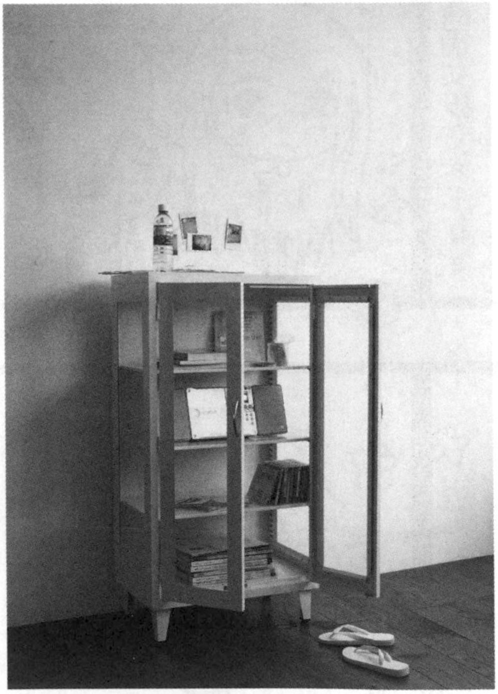

四、網路上三個恐怖的腐亂女

柳佳的突變

自從大衛假期結束，回來上班的那一大起，他就發現自己的祕書柳佳好像換了一個人似的。

從她的辦公桌開始，一切都彷彿中了魔法一般的神奇。以前柳佳的辦公桌周圍可以用「慘不忍睹」來形容，可是現在她的桌子變得乾淨又漂亮；以前讓柳佳找一份文件最快也要二十分鐘以後才送來，可是現在麻煩她找十份文件也用不了五分鐘；以前的柳佳總是丟東忘西，可是現在她會主動提醒大衛還有哪份工作沒有落實；以前柳佳為自己「整理」之後的辦

假期結束了・・・
WH公司
經理你回來啦？有份文件需要看，還有XX會議・・・
柳・・柳佳？
基・・・基因・・・突變？・・・・

公室原本髒的地方還是很髒，原本不亂的地方也變得亂七八糟，可是現在她整理出來的辦公室簡直可以用完美來形容……等等，這樣的轉變數不勝數。

大衛不知道短短十五天的時間柳佳是怎樣改變的，莫非是科幻片中經常提到的基因突變？但是無疑這樣的轉變為大衛帶來了很多驚喜。

網路上三個恐怖的腐亂女

大衛幾天上網都不見一位叫做「媽咪寶貝」的網友，於是就加入她經常聊天的另外一個群，「媽咪寶貝」果然在那裡，而且她與其他的人聊著正歡，並沒有注意到大衛的到來。大衛也沒有急著與她打招呼，而是在一旁津津有味地看著那些女孩都在聊些什麼。可是這不看不知道，一看還真把大衛嚇了一跳。

……

佳佳：我以前也是邋裡邋遢的，不過現在終於改過自新啦！真下了不少工夫呢！

短腿芭比：是呀、是呀，我也是滴，以前的臥室就和豬圈差不多，哈哈。

媽咪寶貝：那妳們快點幫幫我啊！我怎麼都整理不好呢！家裡亂得下不去腳了都！

短腿芭比：真有那麼嚴重？那妳家一旦來客人了怎麼辦？

媽咪寶貝：可不，上一次家裡來客人，我把所有的大衣都塞到沙發底下，把沒洗過的碗都直接裝進碗櫃了。（大哭）

短腿芭比：姐姐妳也太過火了，不過很有創意啊！哈哈哈。（偷笑）

佳佳：那和我有得拼了，以前寢室每次檢查環境，我都把大量的東西藏到被窩裡。（偷笑）

……

看到這裡大衛已經開始起雞皮疙瘩了，把雜物藏在被窩裡？把髒的碗放在碗櫃裡？也虧這些女孩們想得出

1
好久不見"媽咪寶貝"這個網友了呢。
2
果然，她正在群裡聊‥‥‥‥
3
佳　　佳：我以前也邋遢的，不過現在改過自新啦，下了不少功夫呢！
短腿芭比：是呀、是呀，我也是滴，以前臥室就和豬圈差不多，哈哈。
媽咪寶貝：那你們幫幫我啊，我怎麼都整理不好，家裏亂的下不去腳了！
短腿芭比：真有那麼嚴重？那你家一旦來客人了怎麼辦？
媽咪寶貝：可不，上一次來客人，我把所有的大衣塞到沙發下，把沒洗的碗都裝進碗櫃了。(大哭)
4
現‥‥現在的女孩都這麼恐怖？！

來，下得了手。不過接著看到下面，大衛可以說是開始毛骨悚然了。因為他從她們的談話中發現，這三個恐怖的超級「腐亂」女，很有可能都是自己認識的人。

對號入座

……

短腿芭比：哈哈，妳們都很強，不過快點改掉那樣的生活習慣吧！否則會交不到男朋友呦！

佳佳：有那麼嚴重嗎？兩者有關係嗎？（驚恐）

短腿芭比：當然有，現在的男生都喜歡整潔的女生呢！（悲傷）「我喜歡的女孩最好像ＸＸ一樣漂亮，像ＸＸ一樣整潔」這可是帥哥的原話！

佳佳：好像對哦，我的上司也喜歡整潔的人，自從我變得整潔以後，他說話的聲音都變得好溫柔呢！（臉紅）

媽咪寶貝：沒錯，現在的男生都好愛整潔的，我去我樓上的鄰居家裡做客，他們家裡整潔得離譜呢！妳們幫幫我，教我如何打掃吧！拜託姐妹們了！

佳佳：「媽咪寶貝」我記得妳有過一次徹底打掃啊！上次妳還向大家請教如何整理冰箱咧！

媽咪寶貝：是啊！不過這段時間我去馬來西亞出差，小鬼頭又把家裡弄得不堪入目了。（撞牆）

佳佳：小孩子嘛，都很調皮的，嘎嘎。

……

小孩子、馬來西亞、樓上整齊的鄰居，大衛越看越覺得胃裡冷嗖嗖的，難道和自己聊很久的網友「媽咪寶貝」就是樓下的鄰居Lisa？除此之外好像也沒有更好的解釋了！還有WH公司的「佳佳」難道就是自己的祕書柳佳？那一句「……最好是像ＸＸ樣漂亮……」聽起來也覺得很耳熟！但如果真的是這樣，那麼美麗的Lisa就是一個小邋遢，而可愛的柳佳和Pcla也都是不擇不扣的「腐亂女」！這樣的「巧合」一時間還真讓大衛感到有點難以接受和哭笑不得呢！他不明白為

什麼外表漂亮美麗的女孩背後竟都有如此瘋狂的一面。

她並不是真的「媽媽」

大衛正在猶豫著，要不要和「媽咪寶貝」打個招呼，並告訴她自己就是樓上的大衛，可這時，三個女孩子又開始聊了起來。

……

短腿芭比：「媽咪」妳的「寶貝」幾歲了啊？

媽咪寶貝：五歲吧！

短腿芭比：什麼？妳不是說妳今年才二十五？妳結婚好早哦！

媽咪寶貝：（偷笑）不是啦，偶還沒結婚吶！

短腿芭比：這樣子啊！那妳現在和男朋友住一起？

媽咪寶貝：當然不是，我還沒有男朋友呢！

佳佳：哈哈，「芭比」還不知道呢！「媽咪」的「寶貝」不是她生的啦！是領養來的一個小男孩！

短腿芭比：（驚訝）真的嗎？真的嗎？

媽咪寶貝：（悄悄）噓～～這可是個祕密！佳佳妳不要逢人便說啦，拜託！

佳佳：好啦，知道了，可是不說出去，妳什麼時候才能嫁掉啊？男孩子們還以為妳是單親媽媽呢！

媽咪寶貝：哈哈，我本來就是「單身的媽媽」。

短腿芭比：那妳好能幹啊！好敬佩妳呦！

……

看到這裡，大衛也開始佩服起Lisa的勇敢，沒有想到Eddy並非是Lisa的親生兒子，大衛覺得自己果真肉眼凡胎。剛才原本打算告訴「媽咪寶貝」他的真實身分的，而現在也改變了主意。既然Lisa不懂如何打掃，自己何不以網友的身分幫幫她？既幫助了別人，又認識了美人，自己何樂不為呢？

就這樣，大衛隱姓埋名當整理「導師」的日子正式開始啦！

5

Lisa遇見的
神祕整理專家

一、巧妙開發空間能源

神祕的整理專家

最近Lisa正在為打掃愁得七葷八素，恰在此時，網上一位自稱是整理專家的朋友主動要求幫助Lisa解決整理難題。Lisa不知道那位專家是怎麼知道自己需要幫助的，所以總覺得事情有點蹊蹺。不過只要他有整理的方法，誰管那麼多呢？至於方法是否管用，那也只有試過才知道！正所謂病急亂投醫，Lisa也不問這「醫生」到底有沒有「資格」，不管三七二十一，先試了再說！

而此時的大衛，正搜腸刮肚絞盡腦汁地幫Lisa琢磨著整理的規律和竅門，他翻遍了各大網站，也讀了很多有關整理的書籍，至於這些方法到Lisa那裡是否管用，那就只能聽天由命了。綜合來說，大衛對自己的「教材」還是很有信心的，況且Lisa已經那麼亂了，大衛想，他的方法即使再不管用，也不可能起到什麼負的效果。這倒頗有些死馬當活馬醫的感覺！

第一堂課——空間能源的開發

「專家」給Lisa上的第一堂課，就是如何開發空間能源。Lisa一直認為空間不是有多大就是多大嗎？精確的數字擺在那裡，還有什麼可以開發的呢？難道一百平方公尺的房子還能挖地三尺給挖出個一百三十平方公尺來？

但是「專家」告訴Lisa，其實空間也是一種可開發資源呦！這牆頭櫃角，其實隱藏著很多的學問呢！如果妳能夠用心尋找與開發，會發現空間甚至是可以被無限放大的！而對於開發空間能源，我們也可以分為以下二

種不同的開發管道，它們分別是：

一、創造新的空間能源。比如把陽臺外擴、在屋頂修花園、增加地下室等等。只要把原本不屬於妳的「地盤」變成屬於妳，就算是創造了新的空間能源啦！通常比較容易被創造的「地盤」主要有地下室、陽臺、窗、走廊、屋頂。

二、發現被忽略的空間能源。生活中每個人都不可能做到面面俱到，而空間上也是一樣。百密一疏，總是有一部分「肥美的」空間由於種種原因被人們所忽略！而如果把這些地方搜索出來，說不定在空間上可以幫上妳的大忙呦！

三、重整舊的空間資源。如果妳覺得舊的空間被利用或規劃得不夠合理，那麼把它們重新整理規劃也屬於再開發能源。

從小孩子玩捉迷藏得到靈感

對於開發新的空間能源，「專家」提醒Lisa有很多管用又省力的特色辦法，其中陪小孩子玩捉迷藏就是一個這樣的方法嘍！在與孩子們玩捉迷藏的過程中，妳會發現，可以讓他們藏身的地方真的很多，而這些地方既然能藏得住一個孩子，當然也能藏得下家裡其他的東西，並且它們的容積與隱蔽性可都是相當的可觀呢！如果妳的家裡正好有小孩子，可不要浪費或小看了他們的想像力呦！他們的藏身之地，很有可能是妳忽視了多年的空間呢！

Lisa在學到這個方法之後，一刻都沒有等待，當天就一臉諂媚的要求陪Eddy玩捉迷藏，而Eddy當然也興高采烈地配合，並且還真的是不負眾望地挖掘出好多有價值的空間，當然，Eddy自己並不知道自己是被「利用」啦！那麼Eddy到底開發出來了哪些藏身空間呢？我們一起來看一下吧！

一、床底下！

美觀指數：2顆星　空間大小：4顆星　方便指數：3顆星

Lisa家的大床是一個鐵製的四角床架，床下並沒有櫃了，而床的本身也並不矮，所以Eddy藏在那裡綽綽有餘，而Lisa也從中得到了靈感。與其讓床下的空間空著，還不如在那下面擺放些簡單的塑膠儲物盒子。盒子裡則可以存放一些閒置的衣物與布藝用品等等。

二、窗簾後面！

美觀指數：4顆星　空間大小：1顆星　方便指數：2顆星

Eddy把自己藏在窗簾後面，Lisa找了十五分鐘都沒能找到，最後還是Lisa主動認輸，Eddy才肯自己走出來。Lisa家的窗簾本來就偏厚重，並且由於窗臺向屋內延伸，所以窗簾並不是緊挨著牆面，而是有一個間隔的區域的，加上Eddy畢竟是一個小孩子，所以躲在後面真的很難讓人發現。但是這樣小的區域有什麼可用之處呢？Lisa想來想去，還是在窗簾後面的窗戶旁邊放置一個薄薄的書架最合適。書架的薄厚

可以根據自己家窗簾與窗戶之間空隙的寬窄來訂製，這樣平時又窄又薄的書架就被窗簾給遮住了，誰也不會想到妳的窗簾後面還隱藏著另一個天地，等到看書時只需把窗簾拉向一邊即可。如果妳的客廳實在沒有空間放下一個大書櫃，或者妳的家根本沒有儲藏一大堆書的需要，快點讓妳的書櫃也躲個貓貓吧！

三、椅子下面！

美觀指數：1顆星　空間大小：1顆星　方便指數：4顆星

其實喜歡捉迷藏的Eddy也並不總是聰明，這一次他躲在大椅子的下面，很快就被Lisa給發現了。說起來，四腳大椅子下面的空間也並不算小，但是如果放些什麼東西，那必然是顯而易見的。所以如果要開發這個地方，那麼就需要在美觀上多下些工夫啦！但是放一些漂亮的垃圾桶或者雜物盒之類還是沒有什麼大問題的。如果家裡有養貓咪的話，牠們會喜歡把午睡的小窩設置在那裡的。或者一些織毛衣的女士，可以把毛線球裝在籃子裡放在椅子下面。

四、衣櫃上方！

美觀指數：2顆星　空間大小：2顆星　方便指數：1顆星

Eddy躲在衣櫃的上方好久Lisa也沒有找到，因為她根本就沒有想到Eddy能自己爬到那麼高的地方。但是小朋友可千萬不要效仿調皮的Eddy，因為爬那麼高的地方是非常危險的舉動！衣櫃的上方如果距離棚頂還有一段距離，那麼也可以對其加以利用，可以放置一些輕便又美觀的東西，例如包裝好的毛絨玩具、用不到的輕便樂器等都是衣櫃上方的常客！

開發輕隔間，使房間更規律

科學的隔斷可以使房間更規律，空間的利用率更大，但是如果室內空間稍微狹小，恐怕就沒有辦法將所有的家居佈局都一一的展現出來了。現代房屋中很多小戶型省略掉了玄關、陽臺、書房這樣的格局，以求達到節省空間，或開闊視覺的作用，但是這樣難免也會為家居生活帶來不便，例如把陽臺省掉，窗外的灰塵就會直接吹到廚房，沒有玄關客人就不得不在客廳內脫鞋子。

那麼有沒有一種方法，可以既不浪費空間，又能幫助我們將室內分割規劃得中規中矩呢？可不可能在已經固定的空間裡，憑空再給我們變出來一個陽臺、玄關，甚至是小臥室呢？答案是不可思議的，那就是真的可以，輕便的「輕隔間」可以幫助我們做到這一點。

什麼叫輕隔間？

裝潢上的輕隔間，是指一種間隔空間的方法，不同於用牆壁來隔開空間，它所用的材料更加的輕便、單薄並且卸取方便，例如簾子、玻璃、木板等等。輕隔間不僅能讓家裡的佈局更規矩，還可以美化室內環境，豐富空間內容，它可以從質感、色彩、數量上對並不完美的戶型起到調節作用，並達到裝飾

效果。

輕隔間該如何使用？

輕隔間大多被用於格局並不完美的戶型，或者屋主需要增加隔斷的戶型，但是一戶房屋的輕隔間也不能過多，最多應不超過五處，否則會顯得雜亂（超大型別墅不在此規定範圍）。一般的住宅最常用到輕隔間的地方有五個，分別是：

一、浴室：如果衛浴空間的空間偏小，並沒有任何間隔，那麼我們就可以在沐浴區與衛生區拉一個簾子，做一個最簡易的輕隔間，以達到區分空間的目的。在材質的選擇上，衛浴空間最好選用玻璃、屏風、塑膠鏈簾等不怕水又有一定的透明度的間隔材料。

二、玄關：若客廳與大門之間沒有玄關，那麼最方便美觀的方法就是擺放一個漂亮的屏風。如果想讓視野更加的開闊，則可以用下面是木質臺，上面鑲有一扇玻璃的專用玄關隔斷。

三、臥室：好多人為了節省空間把書桌都放在臥室裡，但如果想為自己分離出一個小小的辦公區域，也可以自行設計一個輕隔間將它們隔開。臥室的空間通常不會太大，所以在選用材質時，應注意避免使用木質等通透性不佳的材料，視覺上也要考慮到通透。

四、客房：一般的小戶型都不會有客房的設置，而家裡來客人時，讓人家睡客廳又實在有點說不過去。

所以如果可以，能在客廳為客人開發出來一個小臥室，那是再好不過的了。因為設在客廳，所以視覺最重要，輕隔間的材質最好是能隨時移動的，密閉性與輕便性綜合考慮下來，可以拉動的美麗布簾是個不錯的選擇。

五、餐廳：間隔餐廳與廚房，或者間隔廚房與陽臺都更適合穩固的材質，可以用「軟硬參半」的間隔材料，例如牆壁加玻璃。或者牆壁加簾子等。

牆壁可以如何利用？

空間無處不在，那麼牆壁也可以開發出來空間嗎？沒錯！哪怕是堅實的牆壁，也有很大的空間潛力喲！

一、增加視覺上的「虛」空間。所謂的虛擬空間，是指並非真正的真實空間，而只是視覺上的空間擴大而已。牆壁在室內所佔有的面積非常的多，甚至比地板的面積還要大，所以對視覺的影響，也必然是最大的一個。要想讓家裡看起來比實際寬敞明亮，也有很多方法與講究，例如把牆面貼上鏡子，就是擴大空間的一個好方法。另外家裡的顏色太「撞」也會使房間看起來擁擠雜亂，所以牆壁的顏色與地板的顏色千萬不能為對比色。

白色的牆壁是最常見與常用的，那也是一個最開闊明亮的色彩，但若覺得純白太單調，也可以將

牆面塗為乳白等其他淺顏色。花色的壁紙可以讓家裡看起來更活潑鮮豔，但是在造型上要注意，越大圖案的壁紙，越容易讓家裡看起來擁擠。

二、「竊取」牆壁本身的空間。說白了就是「挖牆」來節省厚厚的牆壁所佔的空間，不過在挖之前可要仔細研究好哪面牆可以挖，可以挖到什麼程度，否則胡亂拆動，可是會釀成危險的。至於挖出來的空間利用價值還是很大的，可以用作擴大壁櫥、也可以挖一個類似視窗的東西，用於擺放物品，還可以把液晶電視機等鑲嵌在牆壁裡。

三、挖掘牆壁的附加空間。除了牆壁本身所佔用的空間，牆壁還可以創造出來許多空間。如果你家的牆面上既不可以懸掛東西，也不能擺放物品，那麼你可就是在浪費資源了。對於那些光禿禿的牆面，千萬不要吝嗇你的創意！無論是懸還是掛，是釘還是黏，讓它們多些空間吧！

二、讓物品隱形的法寶

當妳覺得家裡的破爛處總是特別多的時候，妳會不會渴望給它們披上一件可以讓其隱形的隱形衣呢？也許妳會提醒我，這是現實社會，而非魔法世界！但是大衛還是為Lisa找到了一些能讓物品「隱形」的法寶！並且這些東西，可都是在市面上就能買到的！

一、真空收納袋

這個東西在電視上和超市裡經常有售，其主要構造就是一個大袋子和一個能把空氣吸走的氣泵。因為棉衣會鎖住大量的空氣，所以棉衣的體積通常比較大，這個真空收納袋就可以透過把空氣吸走，而達到壓縮棉衣節省空間的效果。一件折起來要十多公分厚的棉衣，在把空氣吸走以後，也不過薄薄兩公分。因為空氣吸走以後袋子裡面就是真空的了，所以它還有防蛀、防霉的效果呢！

這種袋子並不十分的貴，袋子也分有大小尺碼，大號的可以裝棉被，而小號的可以裝一些衣服。如果妳實在還想節省一些的話，也可以用一般的塑膠袋和吸塵器來代替真空收納袋，使用時只需把袋口套在吸塵器的吸口，然後開動吸塵器，待空氣被吸乾後將袋口密封（打個結就可以），那效果和買來的袋子一樣好！有了這種自製的真空收納袋，家裡棉被、棉服、軟枕頭之類的大傢伙就可以瞬間縮小，為妳

節省出大把大把的空間呦！

二、儲物椅

市面上各式各樣的儲物椅早就不是什麼新鮮玩意兒，也許妳會對這種小小的發明不屑一顧，但是與一部分佔地的沙發或椅子相比，這種儲物椅的功能性顯然更勝一籌。妳也不要小看儲物椅的「肚量」，也許一個椅子的容積並不是很大，但是把它們的兄弟姐妹加到一起，那麼多的空間可以為妳減輕不少負擔呢！

在往儲物椅裡存放東西的時候，也要注意有一些物品是不能被放在儲物椅裡的，比如食物，即使是密封十分好的飲料也不可以，妳可以想像一下，把食物放在屁股底下然後再拿出來吃，會是多麼奇怪的感覺。那麼儲物椅裡該放些什麼樣的東西呢？最適合放在儲物椅裡的物品無非是一些經常用到的，並且不能擺在表面的用具了！例如剪刀、小錘等工具，或者膠帶、蠟燭等日常用品，也可以用來儲放捲筒衛生紙一類的消耗品。

三、大布簾

把一些雜七雜八的物品集中在一起，然後用一個大布簾蓋上，視覺上那些礙眼的小東西就瞬間消失啦！這個方法還可以用在家裡雜亂的破爛堆和衣服堆上，並且在應急時也非常的管用，妳可以騙客人那是未開封的家電、準備郵寄的大包裹，或者乾脆什麼也不說，讓他們自己猜想去吧！

像這樣的大布簾可以掩蓋的還不只那些雜物呢！如果有需要，妳也可以用它把妳的整張床或者半個屋子都遮蓋起來。但是即便再好用，這究竟還是個眼不見心不煩、治標不治本的法子，短期用用還可以，不然還是從長計議比較好。

四、保護色

就像變色龍保護自己那樣，妳還可以利用同色的方法，讓一些東西憑空消失。比如讓沙發與牆壁花色相近、椅子與地板顏色相當等等，這樣妳的家裡看起來就會空蕩很多。同樣的道理，一些小的物品也可以如法炮製，比如讓杯子與桌面顏色相近會使桌子看起來更整潔等等。但是即便是為了看起來寬敞，也要注意讓家裡保持多樣色彩，否則整個家裡只有一種顏色，或者都是黑、白灰，那看起來可就太恐怖了。而且還要注意，如過妳是超級大近視或者家裡有視力不佳的老人，那麼最好不要用這個方法，否則會憑添出很多不必要的麻煩。

五、大櫃子

這個法寶無論是從實用指數上說，還是從美觀指數上說，都屬於超級無敵的那個範疇了，所以它也是家家必備的一個東西。若妳是個先天性的雜亂患者，那麼這個法寶更是妳的必不可少！因為沒有什麼

能比一個櫃子可以帶給妳更多的整潔。妳可以把所有的物品分類放在各式各樣的櫃子裡，如果妳的櫃子足夠大，那麼妳的雜物再多，也不會讓家裡看起來雜亂。並且如果擺放得美觀合理，家裡就算放上十個櫃子也是一樣的整齊。

六、垃圾袋

如果以上的五個方法都還不能讓妳的物品隱形，那麼就要搬出最後這個殺手鐧了，那就是傳說中的——垃圾袋！

因為若試過了以上所有的方法，妳的家裡依然太亂，雜亂物品仍然很多，那就說明要嘛妳的東西的確太多，要嘛妳是一個綜合性頑固雜亂者！而無論是以上兩者中的哪一個，妳都需要丟棄一些物品以便給家裡騰出些地方。

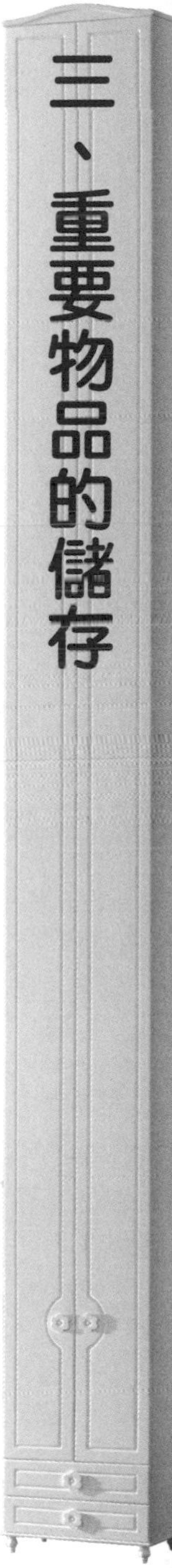

三、重要物品的儲存

居家過日子，誰家沒有點壓箱用的「家底」？即便是沒有金塊、銀條、紙鈔，也總有一些價值不菲的首飾、擺設、家電等等，就算窮得家徒四壁了，每個人也總有個心愛之物或祖傳之寶。那麼如何儲藏這些東西？怎樣的方法才能防止「賊動了你的乳酪」？

貴重物品的存放方法

一、存銀行。無論如何，銀行的安全係數還是比較高的，前一陣子某些國家的「危機」畢竟是少數。尤其是現金，銀行能幫你保存得更好！一些十分貴重的物品也可以放在銀行的保險箱裡，被搶和被偷的機率都會小很多。一般的金銀首飾則沒有這個必要，因為銀行的「櫃位」也不是很便宜的！

二、保險箱。如果自己家裡有保險箱，那就更好了，把重要的東西放在裡面，然後再弄個紅外線報警裝置什麼的，哪個小偷有耐心，就讓他來偷吧！除非你遇見的是國際級大盜，或者你家裡存著萬分重要的機密！

三、家中的隱蔽角落。俗話說的好：「惹不起，咱還躲不起嗎？」家裡的空間多的是，只要你隱藏得巧妙高超，包準智商不高又心急如焚的小賊找不到你的財寶。至於具體藏在哪裡，那就要看你的想

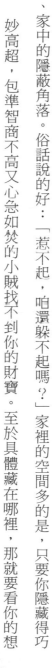

像力和家裡具體的情況了，床底下、枕頭底下那都是老套了，空調頂或者吊燈上比較適合放輕便的財物……在放置財務時，你還可以兼顧一下風水，把財物，尤其是金銀放在財位上，有旺上加旺的效果。

四、鎖上鎖。家門、櫃門、窗戶、車……哪一個都不能忘了鎖上鎖。雖然鎖上了不見得就不會被偷，但是如果你都不鎖，那還不等於請賊來拿？

五、裝電子監視器。這個方法更適合公司、別墅等地方，在自己的家裡裝上一個「針孔」總會有些怪怪的感覺，但是你的家裡如果存有大量的貨幣或者財寶時，那就另當別論了。

六、有效的防護與嚇止。這招完全是用心理戰術，你可以在你的房門上纏滿鐵絲，然後立上一個牌子說「高壓電網，請勿靠近」，或者在房門外嵌入一個有紅色光束的小燈泡，冒充監視器，既節省了能源，又保護了財產。

七、數招並用。這年頭什麼都講究綜合實力，人才要綜合、技術也要綜合。如果你能把以上幾點綜合起來，那效果就會更加顯著啦！比如你可以裝一個監視器，再把貴重物品黏在空調頂端，這樣你或許有幸看到一個傻賊在你家亂轉卻找不到「東西」的樣子！

儲藏貴重物品千萬要避開的幾種尷尬

尷尬一：把寶貝藏到自己都忘記在哪了！別以為這是奶奶們才會犯的錯誤！一些傻大姐們一樣會幹出這樣的事情來！「明明記得藏在床底下啊！可是怎麼沒有呢？」對付這樣的現象最好的辦法，就是天天看一遍你藏的寶貝，既能不忘它的位置，又能檢查它是否還在！

尷尬二：藏了它也葬了它！把貨幣藏在爐子裡然後被火燒掉，或是埋在地下餵螞蟻了，這樣的新聞比比皆是。所以在存放貴重物品時，除了考慮到人為的破壞因素外，也不要忽略自然的「力量」啊！

尷尬三：被偷了多年都沒發現！至少一、兩週要檢查一下你的貴重財物，否則遇見技術高超的神偷，小心你被偷了都還沒發現，等反應過來，也只是亡羊補牢了。

尷尬四：忘記了密碼！銀行帳號的密碼忘記了最多是去掛失，但是若不慎把保險箱的密碼給忘了，那麻煩可就多了！你不得不大動干戈的請開鎖公司來開鎖，要知道開一個保險箱可不是件很輕鬆的事！還有的人自作聰明，把密碼寫在記事本上，那樣很容易招致熟人作案。所以如果你早就覺得自己的記憶力不靈光，那麼最好還是選一款指紋或者聲音辨別的高科技保險箱吧！

不怕賊偷，就怕賊惦記！

賊惦記也要有個惦記的東西，如果你家財萬貫那不惦記你惦記誰啊？所以為了以防萬一，還是小心

不要讓自己的錢財外露為妙。如果是必須出風頭的公眾人物，那麼也要記得多做公益跑慈善，給賊們留個好印象！

另外也可以採用一些必要的防止賊惦記的措施，比如住豪宅的可以養隻狗；住一樓的裝上防護欄，總之一切安全第一、小心為妙。

四、打掃房間的一二三

Lisa本身就不善於打掃房間，再遇上一些打掃的「疑難雜症」時，就更不知該如何下手了，尤其是在對付一些頑固污漬、邊邊角角的時候。還好她自稱是「整理專家」的網友，給了她以下的「清理祕笈」，Lisa看了一遍就如獲至寶，其中有一些知識，還真是有夠「獨家」！

一、常見的污漬清理方法

1，如何清理燙痕：熱杯盤等直接放在家具漆面上，很容易會留下一圈燙痕。一般只要用煤油、酒精、花露水或濃茶蘸溼的抹布擦拭即可，或用碘酒在燙痕上輕輕擦抹，也可以塗上一層凡士林，隔兩日後再用抹布擦拭燙痕也可消除。

2，如何清潔燒焦痕跡：煙火、菸灰或未熄滅的火柴等燃燒物，有時會在家具漆面上留下焦痕。如果只是漆面燒灼，可在牙籤上包一層細硬布輕輕擦抹痕跡。然後塗上一層蠟，焦痕即可除去。

3，清理藤竹製品：籐器或竹器製品用久了就會有積垢、變色，用食鹽水擦洗，既可去污，又能使其柔鬆有韌性。平時用溼毛巾擦擦可以使其保持清潔。

4，清除黏膠印：Eddy總喜歡在家亂貼亂黏，但是這些黏貼物拿掉後會留下黏膠的殘留物，又黏又髒，這時可以用粗橡皮擦擦去效果不錯，同樣地板上的口香糖也可用橡皮擦擦去。

5，漆面家居的擦傷與刮痕：如果家具漆面擦傷，未觸及木質，可用和家具顏色一致的蠟筆或顏料在家具的創面塗抹，覆蓋外露的底色，然後用透明的指甲油薄薄地抹一層即可。

6，如何處理木製家具的裂縫：當木製家具或地板出現裂縫時，可將舊報紙剪碎，加入適量明礬，用清水或米湯將其煮成糊狀，然後用小刀將其嵌入裂縫並抹平，乾後會十分牢固再塗上同樣顏色的油漆，木器就可以恢復到原來的面目了。

二、木製家具的擦洗妙法

肥皂保潔法：每隔一段時間，應將木製家具清潔一次，洗時可用柔軟的抹布或海綿以溫淡的肥皂水進行擦洗，待乾透後，再用家具油蠟塗刷使之光潤。

牛奶保潔法：用一塊乾淨的抹布放在過期不能喝的牛奶或一般食用牛奶裡浸泡一下，然後用此抹布擦桌子等木製家具，據說去除污垢效果很好。最後再用清水擦一遍即可，適用於多種家具。

茶水保潔法：油漆過的家具沾染了灰塵，可用沙布包裹溼的茶葉渣擦抹，或用冷茶水擦洗，會使家具特別光潔明亮。

啤酒保潔法：取一千四百毫升煮沸的淡色啤酒，加十四克糖及二十八克蜂蠟，充分混合，當混合液冷卻後，用軟布蘸其擦木器，然後再用軟的乾布揩擦，本法適用於櫟木家具的清潔。

白醋保潔法：用等量白醋和熱水相混，揩擦家具表面，然後再用一塊軟布用力揩擦。這個方法適用於紅木家具的保養，以及其他家具被油墨漬污染後的清潔。

檸檬保潔法：如果在擦亮了或上了清漆的木器上留下了燙痕，可先用半個檸檬揩擦，再用浸在熱水中的軟布來擦。最後再用乾的軟布快速擦乾、擦亮，即可恢復如初。

牙膏保潔法：家具表面的白色油漆，日久會變黃，看來很不清爽。可用抹布蘸點牙膏或牙粉擦拭，油漆顏色即可由黃轉白。但不可用磨擦，以免把油漆擦掉，破壞家具表面。此外，家具上有了灰塵，不要用雞毛撣之類拂掃，因為飛揚的灰塵會重新落到家具上。應該用半乾半溼的抹布擦拭家具上的灰塵，這樣才會乾淨。

三、地板與地毯的清潔

Lisa一直都喜歡用溼拖把擦地板，但是根據「整理專家」說，無論是複合木地板還是油蠟實木地板，清潔時都很忌諱用溼拖把直接擦拭，因為那樣很容易會使地板受潮，導致地板變形或開裂。所以在清潔時，應使用木質地板專用清潔劑進行清潔，它可以讓地板保持自然原色，並可預防木板乾裂。為了

避免過多的水分滲透到木質地板裡層，使用地板清潔劑時，還要盡量減少多餘的水分，將拖布或抹布擰乾後再用。

在清理地毯時，如果地毯上有污漬，例如咖啡、可樂或果汁等，可以先用一塊乾布吸去液體，再用一塊溼布輕輕擦拭。如果污漬仍在，就要用上地毯噴霧啦，首先讓噴霧噴在污漬處，然後等它變成粉狀，再按照一般吸塵一樣，將其吸去就可以了。此外，每年應用蒸氣清洗機將地毯清洗一次，它會一邊噴出熱蒸氣一邊將污漬吸去，同時可殺掉地毯上的塵蟎或有害菌，當然也可以定期去為地毯做紫外線殺菌。

四、打掃房間的幾大禁忌

1、使櫃子受力不均。在整理和打掃時，家具一定要四腳墊平，不然受力不均就會變形，推拉式大衣櫃門不要輕意加裝鏡子，鏡子過大、過重會使櫃門下墜壓變軌道。

2、塑膠地板用水拖洗。用水清潔刷洗塑膠地板會使清潔劑及水分和膠質起化學作用，造成地板面脫膠或蹺起現象。如碰到水潑灑在塑膠地板上，應盡快將其弄乾。

3、真皮沙發用熱水擦拭。真皮沙發切忌用熱水擦拭，否則會因溫度過高而使皮質變形。真皮用具在清理時，可用溼布輕抹，如沾上油漬，可用釋稀肥皂水輕擦。

4、鍋具清洗時只洗正面不洗反面。鍋具使用完後，立即清洗正反面，而且一定要烘乾。大多數人只洗表面不洗底層的習慣是非常錯誤的。因為鍋子的底層，常沾滿倒菜時不慎回流的湯汁，若不清洗乾淨會一直殘留在底層，久而久之鍋底的厚度就漸漸增厚；鍋子變得愈來愈重，日後也一定影響炒菜的火候，所以一定要正反面一起洗淨，再放置爐上用火烘乾，以徹底去除水氣。

5、用水擦拭電腦、電視和音響。電腦、電視和音響都是精密的機器，清理時千萬別用水去擦拭。清潔家電時，可以用輕巧的靜電除塵刷擦拭灰塵，並能防止靜電產生。家電用品上用來插耳機的小洞或是按鈕溝槽，平時應用棉花棒清理。若是污垢比較硬，可以使用牙籤包布來清理，即可輕鬆除去。酒精稀釋後對付音響和電腦上的按鍵最合適不過，可以將酒精裝在噴壺中噴在按鍵上，然後用純棉的乾布擦拭，既可以去除污漬，也能消毒。同時，衣物柔軟精也可以在家居清潔時派上用場，用兌有柔軟精的水擦拭家電，可使其在一週內不易沾塵，效果極佳。

6、清潔時行走路線雜亂。打掃室內的具體方針應該是：由上至下，由裡而外，以順時針方向打掃房間。在打掃時可以將清潔用具放在一個桶裡面，讓它隨時跟隨著妳，並將所需的清潔用具集中存放，以保持打掃過的房間乾淨整潔，清潔過的家具不再染上灰塵。

五、如何應對客人的突然到訪

居家過日子禮尚往來，時常有個客人串門子也是難免的事，事先有準備的還可以，而問題是經常有些客人不請自到。讓人最痛苦的是人家正在外面敲門，而自家的房間卻是亂七八糟，這時妳要是讓人家進屋，有失平日裡樹立起來的亮麗形象，要是不讓人進屋，人家大老遠來的，豈不失禮？

Lisa也不是沒經歷過類似的事情，但是如何才能找出更冠冕堂皇的藉口，爭取更多的時間，為自己避開這種尷尬呢？Lisa的「整理專家」為Lisa想出了四個小方法！

一、用說謊來為自己爭取時間：如果屋內並不是十分雜亂，只需要一會兒時間就可以「見人」，那麼為了爭取時間，妳可以用十萬火急的聲音對門外的客人說：「朋友，你來得正好！我老婆（老公、爸媽……）走時把門從外面鎖上了，正好你來了，我把鑰匙從陽臺扔出去，你幫忙從外面開一下吧！」這時，隨著客人「噔噔噔」的下樓聲，妳還等什麼呀！趕緊收拾吧！

二、棄卒保車：如果妳的房間太亂，可以在客人來時將無法快速收拾的房間迅速反鎖，當客人有參觀居室的想法時，妳可以指著無法打開的房間對他說：「真不湊巧呀！這間的鎖壞了，正找人修呢！」但是要注意，再也沒有更好的藉口之前，最多只能反鎖一間屋子！

三、混淆客人的視線：如果客人來時，家裡正好窗不明几不淨，妳也可快速拉上窗簾，然後打開最昏暗不明的燈光，同時打開音響，放點酒吧音樂，如此這般，即使是大白天，客人也會被妳不屈不撓地追求高品味的生活精神所深深折服，哪裡還會想窗戶是否擦了沒的事情啊！

四、製造假象：如果房間實在無法在短期內收拾好，那就在門口準備一大桶水，然後將抹布擲入其中，同時快速地將所穿的衣服弄成零亂不堪的樣子，然後以一手抹布，一手抻衣襟的形象給客人開門，這時就是妳家裡再亂，客人也會理解的！

看到這裡，Lisa不禁暗暗的偷笑，這些方法簡直太實用啦！下次她再也不用為客人的突然到來而緊張不已了，她想如果早一點看到這些方法，自己也不用讓鄰居大衛等那麼久的時間，她可以直接套用第四個方法。

而這時的大衛正在網上瘋狂為Lisa搜尋著各種打掃與整理的方法，外加還要自己編輯整理。眼看一個星期就過去了，大衛還真有點力不從心、江郎才盡的感覺，也不知道Lisa那邊的效果怎麼樣了！

六、物品擺放的風水小知識

客廳風水

一、在廳內放置植物

植物與風水關係密切，很多風水古籍都有提及「凡樹木向宅吉，背宅凶」，可知傳統的風水學認為植物對家宅的風水甚有影響。在旺位放置大葉的常綠植物，有生旺作用；在不利的方位放置仙人掌等有刺類植物，有「化煞」作用；其他方位則可放置任何植物均無多大影響。在不利方位擺放的刺類植物，還有龍骨、玉麒麟和仙人掌等，玫瑰及棘杜鵑亦屬此類。除了以上提及的植物外，其餘如寬葉榕、散尾葵、虎尾蘭、富貴竹等也有生旺之效。

其實，植物擺放不僅種類要講究，擺放的位置要講究，就是擺放幾棵也有講究。例如，「困」字就是屋宅內擺放一棵樹，因此，通常不能在屋宅中擺放一棵樹。嚴格說來，一棵假花也是要謹慎擺放的。

二、客廳與財運

客廳的最重要方位在風水中被稱為財位，關係到全家的財運、事業、聲譽等的興衰，所以財位的佈局及擺設是不容忽視的。財位的最佳位置是客廳進門的對角線方位，這包含以下三種情形：如果住宅門開左邊時，財位就在右邊對角線頂端上；如果住宅門開右邊時，財位就在左邊對角線端上；如果住宅門開中央時，財位就在左右對角線頂端上。

財位在佈置上也有很多講究，諸如下列：

1、財位最好有物可靠：財位背後最好是堅固的兩面牆，因為象徵有靠山可倚，保證無後顧之憂，這樣才可藏風聚氣。倘若財位背後是透明的玻璃窗，這不但難以積聚財富，而且還洩氣、破財。

2、財位應平整：財位處不宜是走道或開門，並且財位上不宜有開放式窗戶，開窗會導致室內財氣外散。若有窗戶可用窗簾遮蓋或者封窗，財位才不致外漏。

3、財位忌凌亂振動：如果財位長期凌亂及受振動，則很難固守正財。所以財位上面的物品要整齊，也不可放置經常振動的各類電視、音響等。

4、財位忌水：財位好穩忌水，因此不宜在此處擺放水種植物，也不可以把魚缸擺放在財位，以免見財化水。

5、財位不可受壓：財位受壓會導致家財無法增長，倘若將沉重的衣櫃、書櫃或組合櫃等等放在財位，令財位壓力重重，那便會對家宅的財運有百弊無一利。

6、財位宜亮不宜暗：財位明亮則家宅生氣勃勃，因此財位如有陽光或燈光照射，對生旺財氣大有幫助；如果財位昏暗，則有滯財運，需在此處安裝長明燈來化解。

7、財位宜坐宜臥：財位是一家財氣所聚的方位，因此應該善加利用，除了放置生機茂盛的植物外，也可把睡床或者沙發放在財位上，在財位坐臥，日積月累，自會壯旺自身的財運。此外把餐桌擺在財位也很適宜。

除了客廳的財位，客廳整體的空間也不宜狹長，否則不能藏風聚氣，象徵著無法聚財。若房間格局本身如此，可以重新規劃隔間或在中央加設屏風、矮櫃阻隔即可。

三、客廳與裝飾

在裝飾客廳時，尖銳的物品，例如刀劍、火器、獎牌、動物標本，都不應該掛在牆上。因為這些物品都會產生陰氣，導致爭吵或暴力行為。同樣的也應避免擺設有稜角的檯燈或裝飾品。

若在廳內懸掛裝飾畫，對畫的選擇也有講究，眾所周知「水主財」。既是財，則宜入庫，故流水應往家裡流，不可向門外流。所以掛畫中若有山水者，尤應注意其溪河之水流方向。

視覺上，客廳最好避免看到所有的房間門，除了隱私性較差之外，也會給人一種門戶大開的感覺，有直搗黃龍之意。若有此格局，可以擺放屏風或懸掛門簾避之。

什麼樣的衛浴空間充滿晦氣？

一、馬桶的方向不可和住宅的方向一致，比如住宅大門的方向朝南，那麼當人坐在馬桶上的時候，如果面也向著南方，就是犯了馬桶與住宅同向的忌諱，據說易導致家人生疔長瘡。

二、許多風水學流派都認為，浴廁不宜設在住宅的南方，其實這也和八卦方位有關，南方為離卦，五行屬火，而浴廁五行屬水，將屬水的浴廁設在屬火的南方，是浴廁剋制了火地，如同人的八字沖剋流年太歲，所以也是不吉的。

三、影響運氣的廁所方位除了北、東北方位之外，西南方位的廁所也屬於凶相。如果要移動的話，只能從西方移動到西北方。南方是採光的方位，廁所若佔據這個方位，就可能會影響運氣。西方的廁所也不怎麼好，不過，只要沒有酉年生人，或婚期的女孩居住的話，就用不著擔心。

四、衛浴空間的地面不能高於臥室的地面，尤其是浴盆的位置不能有一種高高在上的感覺，五行學說認為，水是向下流的，屬潤下格，長期住在被水滋潤的臥室裡，容易發生內分泌系統的疾病。但若衛浴空間與臥室相隔較遠，則無大礙。

五、浴廁設在走廊邊上為大凶之象。如果您的住宅裡有較長的走廊，就要注意走廊和浴室的關係，浴廁只宜設在走廊的邊上，而不可設在走廊的盡頭，這是室內路沖煞的一種，浴廁被走廊直沖是大凶之象，對家人健康極其有害。

怎樣打造升職又加薪的辦公室？

一：讓植物化煞！如果你的座位前方或旁邊剛好有廁所，可在座位和廁所之間，放一些闊葉植物來吸掉來自廁所的穢氣，二來可以擋掉不好的磁場。

二：藤類植物要遠離！辦公室內的植物最好以闊葉類為主，因為葉子大可以擋煞，又可以吸收天地的能量，而葉子小或是會纏繞的線型植物，基本上都屬陰，會吸能量，最好不要擺。

三：座位牆上的掛圖！一些比較陰沉或恐怖的圖畫，不適合掛出來每天看，猛獸或線條激烈的圖畫也不適合掛出來，因為這有不良的暗示作用，看久了會影響潛意識的穩定。辦公室最好以素面或線條柔和簡單的圖來佈置，最能提高效率。

四：檯燈化煞法！如果你的座位上方有樑柱的話，可以在樑柱的正下方放一盞檯燈，時常讓燈泡亮著，可以減少上方來的不良氣場。

五：屏風可擋大門煞氣！如果你的辦公座位剛好沖到大門，除非你本身的磁場非常強，可以擋住大門的強大能量流，否則時間一久你的磁場一定會被干擾，運勢和腦子就跟著不穩了，所以你可以用屏風來幫你擋煞。

點亮臥室裡的桃花運！

什麼樣的擺設造就了「剩女」？

A：臥室的床背後若沒有靠牆壁，則容易導致家中的女生嫁不出去，睡在這樣的床上的女孩子很容易成為「剩女」，也很難找到可靠的男人結婚。

B：廁所或廚房改建成臥室，有些人因為家中臥室不夠而把多出來的廁所或廚房改建成為臥室，但是雖然已經改建為房間，可是這種地方晦氣依然很多，對身體和姻緣運勢都不利。

C：床上用品忌黑色，黑色或純白色的床單、被褥、枕頭、睡衣都會驅走戀愛運，所以渴望愛情的朋友們一定要遠離這些顏色，新婚時這樣的色彩更是大忌。如果想快點找到戀愛對象，粉色對女孩子來說再好不過了！

D：家中未出嫁的女性睡房絕不可以擺盆栽，因為植物晚上會散放二氧化碳，而且會導致房間潮溼，同樣道理，魚缸也最好不要擺，這兩樣擺在房間都會導致人氣不足。

E：臥室內最好不要放置鏡子，傾斜著的鏡子還容易導致家中女性產生不婚不嫁的想法，進而在主觀上排斥婚姻。

F：臥室陰暗無窗，光線無法照進房間，除了對身體健康有礙之外，家中未出嫁的女生住在裡面也容易導致個性孤僻而很難認識好的對象。

G：上下鋪不利於新戀情的發生，一些長期租屋的未婚男女住在上下鋪的臥室中的機率比較大，但無論是睡上鋪或睡下鋪的人，都會因為離天花板太近或是上有床壓，而感到有壓迫感，所以不太容易有戀情發生。

H：有些女孩子習慣把什麼東西都往床底下硬塞，這是很不好的習慣，久而久之睡在上面的女孩子也會沾染床下的晦氣，不容易遇上可以相守終老的異性。

臥室裡該如何開桃花運？

方法一：床頭放杯水有助於睡眠。在傳統的風水中，認為睡不好是頭部或床頭的火性能量太高，讓自己的腦袋和神經無法冷卻下來，才會睡不著，所以如果睡眠不好，可以在你的床頭放一杯水（要冷水不可以用熱水），還有最好用磁杯或陶杯來盛放。

方法二：讓彩色喚起戀愛緣分。紅、橙、黃之類的顏色，對人的情感和活力，是最富刺激和催化功能的，若想讓自己或伴侶更有熱情，你可以在桌上放一些暖色系的擺設，掛張暖色系的畫，穿暖色系的衣服，只要你能在家中安排這些催化愛情能量的色彩訊息，你「來電」的機會就更多！

方法三：接受「太陽能」。床不管位於何處，關鍵在於應該讓臥者可以自床上看到臥室的門與窗，並且在黎明時分，會有陽光照射到床上，那樣便有助於人吸收到大自然的天然能量。

方法四：浴室門要常關。套房式的臥室內如果有浴室，那麼門要記得常關，或用屏風遮擋。否則夫婦之間容易出現婚外情，風水上稱之為「泛水桃花」，或導致漏財。

方法五：把真正的桃花迎進門。你可以在你的床頭放一個花瓶，在花瓶上插上桃花三株，再在睡前說出自己的姓名及你喜歡的人的名字，就這樣持續七天，會有意想不到的效果。如果還沒有特定對象的人，也可以增加遇桃花的機會。

七、陳列設計的知識

省錢又個性——五個方法讓你的家裡大變樣

手繪

個性的手繪是新新人類們的最愛，可以DIY又可以使家裡看起來更新鮮！如果你是實力派，那麼你可以在牆壁上畫上你自己的肖像、動物、逼真的花卉等等，但如果你的手繪實力並不怎麼樣，就只能走「抽象」路線啦！具體圖案可以參考種種抽象大師們的作品集，如果搭配得好，說不定效果會更勝一籌呢！若你實在是沒有一點藝術細胞，那麼也可以請親戚、朋友們來幫忙，大家一起動手會更有樂趣的。

可以手繪的地方其實很多，牆面甚至櫃子上都可以，但是切忌把整個家的牆面都畫上圖案，那樣反而給人零散的感覺，讓家裡看起來既亂又沒有亮點。手繪時，你可以選擇一到兩個主要裝飾的牆面，重點突出它們，還可以讓手繪與實物結合，達到更好的效果，比如把吊燈周圍畫滿星星與月亮，或者在衣架的背景處畫上幾條漂亮的裙子。

壁貼

對十足的懶人們來說，壁貼要比麻煩的手繪方便快捷多啦！並且現在的壁貼樣式已經十分的齊全，沒有買不到，只有想不到的！

壁貼的面積通常比較小，貼起來沒有壁紙那樣麻煩，但效果卻是一樣的美觀。如今市面上的壁貼主要分為：裝飾單面牆的獨立圖案、貼牆邊的條狀壁貼、可自由組合的較小圖案這三類。貼壁貼時的原則與手繪基本類似，不可以過於繁多和零散。另外壁貼也可以與壁紙相互組合，壁貼與壁貼也可以被充滿創意地結合在一起，例如讓五隻同樣的小豬排排站，總之只要你敢想並且樂意接受，那麼還有什麼能阻擋年輕的創意呢？

佈置一個家居吧檯

在客廳裡設置一個小巧玲瓏的吧檯，已經成為一種時尚。想辦法在家裡設置一個吧檯，會讓你的室內看起來身價倍增，那麼家居吧檯具體應該放在哪裡，又該如何佈置呢？

要讓設置在客廳的吧檯，給人一種異樣的情調和華貴感，最經濟、有效的辦法是運用光線的錯落，來營造出華貴的氣氛。所以你不妨在客廳一角的小吧檯上方，安裝幾盞射燈，再以名酒和別致酒杯精心點綴，一個風趣、搶眼的小吧檯，會頓時展現在您眼前。

在廚房裡設置一個吧檯，是品味人士追求生活品質的寫照。其實細心的主人只需將餐桌稍加點綴，

就可以把它變成一個簡單而漂亮的小吧檯。餐桌的上方設計一道弧形的視窗，再配上精緻小巧的罩燈，色彩上強調一些現代感，最後不要忘記在餐桌上擺放一些有情趣的藝術品喔！不過，廚房吧檯與客廳裡的吧檯有很大的不同。客廳是居室的重點區域，一般都裝飾得非常講究。而廚房吧檯則要與廚房、餐廳的潔淨、實用的環境相適應，造型應簡潔明快。但它畢竟又具有一定的裝飾性，所以應富於生氣，要盡量避免呆板生硬的設計。

高腳吧椅是吧檯最有風情的一景，如果吧檯臺面設計在1.20公尺以上，你就可以大膽的選擇它啦！目前市面上還有一種可以升降的吧椅，借鏡了辦公轉椅隨意升降的實用功能，設計上線條更為簡潔、流暢，也非常適合做追求時尚、前衛一族的家居吧檯。

燈光

想花最少的錢營造出最大手筆的氛圍效果嗎？除了燈光沒有更好的選擇了！奇妙的光線能讓你的房間在剎那間改變，其效果之神奇，保證讓你嘆為觀止！而且告訴你一個祕密，燈光在裝修裡雖然經常被用到，但是人們對它的重視遠沒有對牆壁、地板等一些「硬體」的重視程度大。所以如果你盡快將這一「武器」掌握到爐火純青的地步，那麼肯定你的家會被評為「時尚先鋒」。

用燈光營造效果，裡面的專業難度係數還是比較大的，能請到專業的老師固然最好，如果不能，那就只好舉著燈泡多試、多看啦！正所謂實踐出真知嘛！但具體點說，室內燈光設計還是有規律可循的，設計時也有幾個常被用到的方法：

手法一：昏暗曖昧派，這個方法很簡單，概括起來就是燈泡越多越好、亮度越小越好！恨不得每個燈光都微弱的跟螢火蟲似的，那才叫浪漫呢！但是要注意所有的燈光都必須是暖色，否則會有陰冷陰冷的感覺的。

手法二：金碧輝煌派，首先需要幾盞炫目的大燈（最好是水晶吊燈），再以各種配燈輔佐之，如果家裡有水晶、鏡面、金飾等裝飾，那效果立刻就不一樣啦！走這種奢華路線的朋友要當心的是不可以為了追求效果而太過錦上添花，不要讓你的家看起來像燈具市場啦！

手法三：時尚亮麗派，如果嫌住了多年的老屋子看起來實在單調無趣，那麼不妨大膽的嘗試一下紅色或藍色等豔麗的燈光吧！不然乾脆弄個七彩的，就像每天生活在彩虹中一樣！

類似的方法還有很多，你可以充分發揮自己的想像力，自己的地盤可以自己做主呦！

家居陳列的細節你注意到了嗎？

家居陳列也不能光注重美觀，兼顧著實用性與安全性那才是最重要的！以下都是一些生活中不可以忽略的細節，當中包括「八要」和「五不要」，粗枝大葉的人可要注意看了！

八要：

1、鐘錶要擺放在方便看見的位置。無論是臥室還是客廳，在懸掛鐘錶的時候都要注意，要擺在方便你或客人看見的地方，例如電視機的上方等。

2、沙發邊要有垃圾筒。有點常識的人都會意識到這一點的好處，它可以讓你在沙發上放心地大吃大喝！

3、玄關要安置座位。一些單身男士的家中玄關可能會沒有座位，因為他們從不需要艱難地把長筒靴脫掉或慢慢的繫高跟鞋帶！但是無論如何，為你的客人和女朋友們想想吧！

4、臥室房門要隔音。不但是臥室，工作室與休息間的房門，也最好都是密封的！因為電視機或電話的聲音非常容易吸引別人的注意力，若你心細，那麼還你的家人安靜吧！

5、家裡要有植物。即使你從不會照料那些花花草草，家裡面也至少插一些盛開的花卉，那會讓你的家人和客人都非常舒服，當然最舒服的是你自己！

6、工作椅要有靠墊。如果家裡有學生或者工作狂，那麼就要為他們的屁屁想得周到些，據試驗，人只要一個姿勢坐在硬板凳上四個小時，就會感覺到屁屁痠痛了。

7、洗手檯鏡子高度要適中。千萬不可將這樣的「小事」交給裝修工人來決定，你家人的身高只有你最清楚，在這種事上忽視了誰，他們都會不高興的，即使是家人也一樣。

8、臥室內要有衣架。衣架不僅要在客廳有，臥室也一樣需要，不然睡前的衣服脫到哪裡呢？難道要堆在地上嗎？

五不要：

1、電視機不要與沙發過近。電視機會吸附灰塵，對人的皮膚非常不好，並且它們是小孩子眼睛的最大殺手！

2、音響不要緊貼牆面。貼著牆面的音響不僅散熱不好、容易受潮，還容易在開大聲的時候帶動著牆振動，影響家人甚至鄰居的休息。

3、鏡子不要設在床前。據說是因為容易讓人受到驚嚇。

4、室內燈光不要太暗。即使你追求情調，但是室內的燈光最好還是不要過暗。或者可以選擇一些可調亮度的燈，因為在看書閱報，甚至看電視時，也是需要一定亮度的。

5、床頭不要掛裝飾。在床頭的正上方懸掛裝飾物，會讓人有十分不安全的感覺，潛意識裡，人們會生怕某天被那些東西砸到。

八、什麼習慣能讓你保持整潔

這是大衛為Lisa準備的最後一堂課，也是最重要的一堂課。所謂得之容易，守之難！任何事情都是這個道理。辛辛苦苦整理的房間，怎樣才能將其芳容守護下去？什麼習慣才能讓妳徹底擺脫邋遢與雜亂？我們和Lisa一起來閱讀「神祕專家」的最後真經吧！

每天都掃能減輕打掃負擔

積少成多的道理再簡單不過，家裡的環境每天都要被使用，所以即使再小心的保護，也還是會有一些灰塵、雜物影響美觀。等到有一天發現髒了，再從頭打掃，那負擔自然就會很大。其實對付雜亂，最好的解決辦法就是經常打掃！日復一日的堅持下來，再雜亂的家裡一定可以改頭換面。而且由於每天都有打掃，所以每次打掃的強度就可以減弱，每晚抽出十分鐘，家居清理就會變得很輕鬆！

專物專地

讓地上凌亂不堪的一個重要因素就是東西沒有固定的地方。最直接的解決辦法就是，為某類東西設置一個固定的地方。如DVD，安排一個固定的DVD存放地方，確定後，就可以到處找齊所有DVD存放在這兒，並且記住以後都要放在這兒。只要有了專門的、固定的地方，東西整理起來就會容易得多。

為家裡的每一位「成員」都找好合適又美觀的位置，其實是一件很有趣的事情，也有人建議大家擺放東西的地方可以使用標籤，使其看起來更美觀並顯得鄭重其事。

養成分門別類的習慣

養成把物品分類的習慣也是杜絕凌亂的一個好方法，只要有了分類，物品日後的查找就會方便很多，收納時也不會讓人覺得迷茫了。為了養成這個習慣，妳可以時刻讓自己做著分類的小遊戲，比如看見任何一個東西，都想想它是屬於哪一類的，這樣除了能讓人變得整齊，還可以鍛鍊大腦的邏輯思維能力！

把打掃當成樂趣

別把打掃看成是個「大難事」，只要抱著積極的態度面對，從心底接受這項「工作」，妳會發現打掃也是生活的一部分，與吃飯、睡覺一樣都是有樂趣在其中的。為了讓自己能更加的喜歡打掃，妳可以想像著打掃之後的舒服，或者選一些漂亮的圍裙、打掃工具甚至是音樂來增加自己的打掃興趣。

整理從思考開始

無論是大掃除還是小整理，清掃房間都不可以「有手無腦」！不動腦筋的機械整理是永遠沒有辦法

取得驚人的成果的！因為家家都有不一樣的生活環境，人與人的生活習慣也是不一樣的，所以從別人那裡得來的經驗最多也只能做為一個參考，形形色色的方法具體是不是適合自己，也要有一個判斷，千萬不能像「小馬過河」的故事裡的小馬那樣，只聽人說，忽略了判斷！

選擇一個適合自己的方法，並在其基礎上不斷創新完善，那麼妳的打掃攻略才將是無可挑剔的。如果能在那基礎上，再加一些自創的小花招和小遊戲，妳的打掃就會變得樂趣無窮了。所以不要吝嗇妳的腦力和想像力，讓大腦的齒輪轉動起來吧！即使是在整理的時候。

尾聲

一、同一個人

莫名其妙的，Lisa總感覺自己與那位一直在幫助自己的「神祕整理專家」是認識的。也許是因為「專家」給出的建議實在是太「貼心」了，甚至就像是為她量身訂做的一樣，比如怎樣利用小孩子開發空間等等。但這也可能只是個巧合，Lisa想，也許「專家」只是一個熱心腸的大媽呢！

不過今天，Lisa終於知道那位「專家」的盧山真面目了，這個人不但認識她，而且離她還非常的近呢！這一切還都是在網路聊天上敗露的。

……

佳佳：我們上司最近有事沒事就上網收羅整理房間的方法，好怪喔！妳們說他是不是在為了幫我而做準備呢？（幻想）

短腿芭比：還真的是有可能啊！妳不是說妳很愛亂嗎？說不定就是準備幫助妳呢！

佳佳：不對吧！可是我早就已經痛改前非了耶！

短腿芭比：管他呢！妳的那個上司就那麼帥？讓妳整天朝思暮想。（壞笑）

佳佳：沒有整天朝思暮想啦！但是真的很英俊呢！鼻子是鼻子，眼睛是眼睛，可以說是貌比潘安，一樹梨花壓海棠啦！（流口水）

短腿芭比：這被妳形容得……不過還真的是很好奇了！妳是哪個公司的我晚上下班去你們公司門口埋伏看帥哥囉！哈哈（壞笑）

佳佳：哈哈，真的？那妳來吧！正好我要看看妳這個芭比有多漂亮！哈哈，如果來了記得找產品部的大衛看，不要看錯人啦！他身邊的那個小跟班就是我啦！哈哈！

短腿芭比：等一下，妳說妳上司叫大衛？（驚訝）

佳佳：哦，對啊！怎麼了？

短腿芭比：他、他是不是很高很帥啊？

佳佳：（流汗）當然，我不是已經跟妳說半天了，怎麼？你們不會認識吧？

短腿芭比：他是不是把所有頭髮都梳在耳朵後面？

佳佳：是啊！不過好像很多人都是吧！（流汗）

短腿芭比：讓我想一想，對啦！他是不是以前就讀於軍校，高中的時候在左一高中啊？

佳佳：咦，好像真的是……呃，我知道他的確有讀軍校呢！原來你們真的認識！妳不會是他親戚或者朋友吧？哎呀呀，那我真有點害羞了呢！你們是朋友還是親戚啊？

短腿芭比：哈哈，都不算啦！我和他也只是在校友會上見過一面，就是他上次說喜歡乾淨漂亮的女孩子的呢！

佳佳：喔！原來是這樣！那看來我沒戲唱了啦！（吐舌頭）

短腿芭比：誰說的，別灰心，妳現在不是已經變整齊了嗎？倒是我！他一定聽別人說起過我的邋遢了！或者乾脆想不起來我是誰啦！

……

兩個人妳一言我一語的討論著她們的「帥哥」！卻不知道還有第三個旁觀者在那裡哭笑不得！Lisa本來只想上網看看別人都在聊些什麼，卻沒想到挖到了驚人的內幕消息！佳佳整天唸叨的上司與芭比口中的帥哥竟然是同個人，而無巧不巧，這個貌比潘安的傢伙也正是自己的樓上鄰居！

據佳佳說，大衛目前正在收集「整

理知識」，那麼看來默默幫助自己的那個「專家」也不會是別人啦！只是他又如何知道自己需要「幫助」的呢？Lisa這就打算上網揪住「專家」問個明白！

大衛本想來個死不承認，但是後來發現在漂亮又聰明的女人面前要賴好像並不是一個明智之舉，況且這個女人和自己只隔著一個地板加一個天花板！於是大衛一五一十的從他怎麼樣發現「三個腐亂女」開始，慢慢地通通向Lisa招來。而Lisa也總算遵守了坦白從寬原則，並且看在大衛好多天幫助自己有功的份上，勉強答應不再追究此事了！

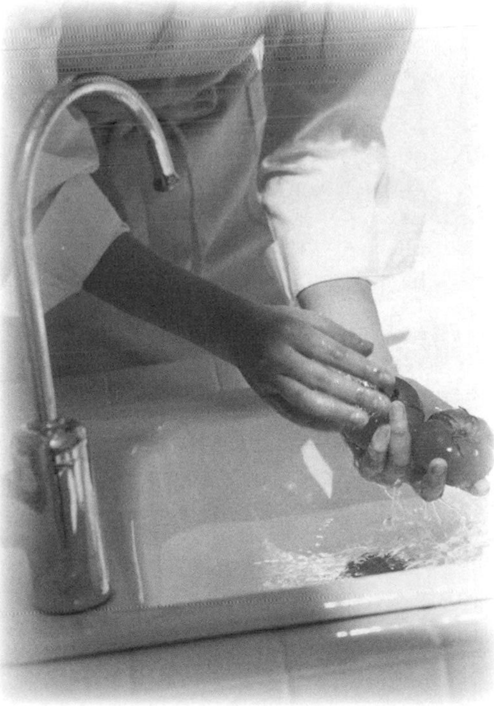

二、再次做客

一

雖然大衛隱瞞真實身分有「圖謀不軌」的嫌疑，但是他熱心提供幫助也還是應該受到獎勵的！那麼獎勵什麼好呢？Lisa想來想去，回請大衛一頓午飯是最好的方式了，一來可以回應上一次大衛請自己和Eddy享用的午餐，二來也可以向這位「導師」彙報一下自己的「整理成果」！

在週末早上七點就響起鬧鐘，這在Lisa的家裡還是頭一回。這也是第一次在週末Eddy睜開眼睛的時候媽媽已經起床了！Eddy睜著大眼睛看著媽媽忙東忙西的「來回奔波」，不知道今天有什麼特別的事呢？還沒等Eddy反應過來，媽媽又竄到自己面前幫自己用最快的速度穿戴整齊、洗漱乾淨，聽媽媽說今天要來一位重要的客人。其實什麼重要的客人嘛！不就是樓上的大衛叔叔，Eddy昨天都聽到媽媽打電話了，不過Eddy還是非常高興的，他暗暗的希望自己能趕快多一個「爸爸」，因為幼稚園的小朋友們都已經有「爸爸」了！

走出房間的Eddy的確是吃了一驚，這真的是自己的家嗎？Eddy揉揉眼睛，發現窗明几淨、鏡亮牆白，整個房間通透整齊，像被施了魔法，書架上的書排排站、碗櫃裡的碗躺整齊，就連衛浴空間裡都乾淨的閃閃發光，還飄著甜甜的香水味，Eddy第一次覺得用衛浴空間簡直就是一種享受！Eddy不知道媽媽是用什麼方法把家裡變得如此漂亮的，但是他確定自己離想要「爸爸」的夢想並不遙遠啦！

2

大衛在家裡把衣服試了一件又一件，希望自己看起來能再年輕帥氣一點，但是藍色會不會讓自己看起來不夠穩重成熟呢？還是白色吧！可是白色好像不會凸顯臉部輪廓的優點啊……玫瑰是選什麼顏色的呢？第一次就送玫瑰會不會失禮？難道送百合會更好一點嗎？直到花店的小姐用「你到底買不買」的眼神看著自己，大衛才決定買下那幾枝緋色的玫瑰，然後幾個箭步來到Lisa的門前。

Lisa一身乳白色的家居連身裙，襯托著臉頰和唇更加豔麗，但是大衛還是忍不住打量起她背後的客廳，這個客廳比自己上一次看到的實在是整潔太多啦！大衛豪不吝嗇的表揚Lisa，Lisa則客氣的表示多虧大衛的幫忙和指點。

坐在沙發上大衛饒有趣味地看著Lisa家的「變化」。他驚訝地發現上一次被紅布蓋住的「財寶箱」竟然是一個整齊的展示櫃！他想到之前在網上看見Lisa說自己曾經把衣服塞在沙發底下，還故意低下頭好奇的打量了一下沙發下面的縫隙，不過這一次可是乾淨無比！

很快大衛就忘記了Lisa整齊的家，而把注意力轉向了豐盛的菜餚上，真沒想到言行舉止爽朗的Lisa，還能煮出這麼豐盛美味的菜餚，真是「上得廳堂、下得廚房」呢！大衛偷偷的想。整個午餐的時間，

大衛和Lisa都在侃侃而談，兩個人好像總有說不完的共同語言。而Eddy也特別識趣的趕快吃完飯，回屋子裡去了，臨走時使勁的朝大衛眨著眼睛，在他小小的腦袋裡，那是在為大衛加油呢！

3

大衛一邊用胃消化食物，一邊用腦袋構思著他接下來的「戰略計畫」！他該用什麼樣的語氣、怎麼邀請Lisa去看一場電影呢？電影票他昨天接到Lisa電話的時候就買好啦！大衛希望自己不需要去把它們再退掉。經歷了百般的心理抗爭，大衛終於以直爽加禮貌的口吻提出：「Lisa，下午可不不可以

邀請妳去看一場電影？」Lisa停頓了五秒，一臉尷尬的微笑，就在大衛以為自己沒戲唱了的時候，Lisa天籟般的聲音輕快的回答：「好呀！我很高興，但是你得給我點換衣服的時間。」大衛的心快樂的跳躍起來，看來這一次「戰役」，他勝利啦！

覺得自己勝利的可不只是大衛一個人，Lisa按捺著肚子裡歡樂的小鹿，來到臥室裡，對著梳妝鏡悄聲做出一個大大的誇張的勝利表情。打開衣櫃，櫃子裡亂七八糟的東西一股腦兒的倒了出來，沒錯！為了應酬這次做客，Lisa把所有的雜亂東西都鎖在衣櫃裡啦！可是有什麼關係呢？以後她會慢慢的整理的！把衣櫃扒開一個插腳的空間，然後Lisa忍不住邊挑選衣服邊哼起了那曲獻給愛麗絲。

一身整齊的大衛首先走出房門，打扮亮麗的Lisa在離開之前，跟自願留在家裡的Eddy說Bye-bye！關上房門之後，Lisa又跟自己的房門搖了搖手，悄悄的說了聲Bye！她是在跟雜亂說再見嗎？還是在跟單身說拜拜？或者是對自己孤單了很久的生活吧！這可就無人知曉囉！

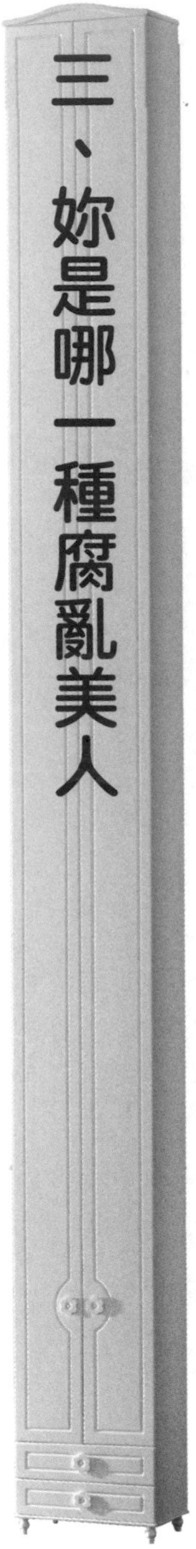

三、妳是哪一種腐亂美人

在三位女主角的身上，妳是不是也看到了自己的影子呢？什麼？妳說在日常生活中，妳也是個雜亂王？那快抽出點時間，做一下下面的測試吧！看看在邋遢王國中，妳是哪一種腐亂美人！也測一測三個女主角的打掃方法，哪一個更適合妳！

計分測試妳的雜亂等級

以下十道小題，選擇是的得一分，選擇否的不得分，累計的結果可以測試出妳在「雜亂王國」中的等級身分！

1、妳覺得房間的空間太小，並羨慕空曠的房間嗎？（ ）

2、妳經常有明明記得把東西放在哪裡，尋找時卻找不見的經歷嗎？（ ）

3、妳經常被人說大咧咧、男孩子性格嗎？（ ）

4、妳認為打掃房間是一件令人頭痛的事嗎？（ ）

5、如果妳手頭寬裕，妳更願意花錢找一個鐘點工幫忙整理房間？（ ）

6、妳認為每天都打掃房間是完全沒有必要的？（　）

7、別人說過妳雜亂，但是妳自己並沒有感覺？（　）

8、在別人到妳家裡做客之前，妳一定要事先打掃一下？（　）

9、妳整天都很忙，回到家除了吃飯、睡覺，沒有時間做任何事情？（　）

10、妳是一個真正的宅女，大門不出二門不邁，除了送餐的，很久沒有人來妳家敲門了？（　）

0～4分、王國中的百姓：

恭喜妳，妳的腐亂程度還不是很深，可能只是因為時間緊迫或者其他原因而忽略了整理與打掃，只要加強管理、嚴格要求，妳的雜亂毛病還是很容易被根除的！

4～7分、王國中的大臣：

這些朋友們可需要小心了，妳們的雜亂或許已經是大家有目共睹的了，如果再不懸崖勒馬，那後果可以說是不堪設想。要小心過分的腐亂可能會影響妳的健康、人氣，甚至工作學習呢！

7～10分、王國中的皇族：

不用多說，妳們自己也發現自己的腐亂了吧！比起文中的三位女生，妳們的雜亂可是有過之而無不及呢！還笑！說的就是妳！再不高度重視，小心自己走到無藥可醫的那種境界呦！到時候五個大衛都救不了妳！

從晚禮服找出妳的雜亂風格更靠近誰

晚禮服是每個女孩最愛的服裝，對晚禮服的選擇，可以透視出妳的性格、魅力還有缺點呦，這個測試可以幫妳看看自己的雜亂與三位女主角中的誰更相似，進而找到最佳的整理方法。

設想一下，妳應媒體的邀請，去參加一個有很多名人參加的晚宴，那麼以下三件晚禮服中，妳會選擇哪一件呢？

A：紅色緊身並帶有亮片的晚禮服，低胸加超短，很性感呦！

B：銀白色的魚尾裙，讓妳看起來亭亭玉立，像一條剛出水的美人魚！

C：領口有蝴蝶結裝飾的純黑色A字小禮服，勾勒出完美的身體線條！

解答：

選A的美女：

勇於選擇豔麗的顏色和如此大膽的款式，證明妳自信而且獨具魅力，三位女主角中，妳更像是好強的Lisa，清楚自己的優勢也明瞭自己的缺點，並且敢做敢為善於突破。在事業上妳遊刃有餘，但是在整理上，妳可能由於時間等原因而落下難以痊癒的「頑疾」！若想徹底改掉雜亂的毛病，妳只要有一個無可辯駁的整理理由和一種強烈的整齊慾望就可以啦！

選B的美女：

顯然，選銀色魚尾裙的妳是三個人中最簡單透明的！妳待人真誠、善良，還有一點點小女生的浪漫主義。性格上妳就像是剛剛畢業的柳佳，造成妳雜亂的原因很可能是還沒找到打掃和整理的正確方法。若想擺脫自己雜亂的生活，妳可以多向他人學習，媽媽、姐妹、朋友都可以是妳學習的對象！而且千萬要記得勤思考、多動腦，大腦缺根筋的毛病還是快點改掉得好！

選C的美女：

妳的選擇保守而精明，但是妳的性格卻不是這樣！妳很豁達、聰明、開朗，凡事喜歡順其自然，是三個人中最容易快樂和滿足的甜姐兒！妳就像是樂活的Pola，嚮往著自由而散漫的生活。妳之所以腐亂的原因很大程度也是因為懶散，想要變整潔的唯一管道就是先戰勝自己身上的懶蟲！另外在購物上妳一定是個「瘋狂者」，腦袋一熱就會亂花錢，別人攔都攔不住，這可不是個好習慣啊！

畫畫測試妳在「大衛」心中的印象

大衛為什麼偏偏「選中」了依然邋遢的Lisa？其實誰知道呢？男女之間講究的不就是一剎那的「feeling」嘛！想知道如果書中的女主角也有妳一份，大衛對妳的印象會如何嗎？別猶豫，憑第一感覺在紙上畫一個人，答案開始揭曉了啊！

下面請仔細觀察妳畫的「大衛」：

若妳畫的大衛有頭髮：證明妳是一個小有情調的人，在大衛的眼中，妳的女性化程度很高，有可能會是來電的對象呦！

若妳畫的大衛只畫了上半身：妳情感裡多多少少有流露出陰鬱的東西，在大衛的眼中妳是一個需要被安慰、被保護的女生。

若妳畫的大衛有衣服釦子：妳很細膩，比較傳統，但是在男孩子眼中可能會不夠性感！

若妳畫的大衛有眼睫毛：妳幽默、童心未泯，大衛會覺得妳很有趣，但是可能會把妳當成小孩子或者小妹妹來對待。

若妳畫的大衛手臂和腳都是一個「棍」：妳灑脫、對感情收放自如，大衛會覺得妳很有魅力，對大多數男生來說，妳是很辣的！

從妳的反應測試出妳該怎樣掩蓋自己的邋遢、增加自己的魅力

陽光明媚的夏天，一隻可愛的小兔子在草坪上，下面請妳回答，哪種情況更符合妳的想像！

A：這隻小兔子在奔跑

B：這隻小兔子在吃草

C：這隻小兔子在和其他的兔子玩耍

解答：

A：如果妳想掩蓋自己的邋遢，可以選擇盡量少與人親密的接觸，與每一個人都保持一定的距離感，別人就不會發現妳的邋遢啦！而且會讓妳更有神祕感與高貴的感覺。

B：如果妳想遮掩自己的雜亂，可以多多的向別人微笑並主動要求幫助妳身邊的人，這樣人們就會認為妳是因為過於熱心所以才有一點「管家婆」的架勢！

C：把自己打扮得光鮮亮麗是妳掩蓋邋遢的一個最好的方法。只要把自己從頭到腳裝扮乾淨、打點俐落，一般人不會發現妳是一個「邋遢鬼」的！

國家圖書館出版品預行編目資料

收納大師的超級魔幻整理術／芭芭拉·楊編著
－－第一版－－ 台北市：宇阿文化 出版；
紅螞蟻圖書發行，2010.6
面　　公分－－(Lohas；10)
ISBN 978-957-659-779-4（平裝）

1.家庭佈置

422.5　　99008652

Lohas 10

收納大師的超級魔幻整理術

編　　著／芭芭拉·楊
美術構成／Chris' Office
校　　對／楊安妮、鐘佳穎、周英嬌
發 行 人／賴秀珍
榮譽總監／張錦基
總 編 輯／何南輝
出　　版／宇阿文化出版有限公司
發　　行／紅螞蟻圖書有限公司
地　　址／台北市內湖區舊宗路二段121巷28號4F
網　　站／www.e-redant.com
郵撥帳號／1604621-1　紅螞蟻圖書有限公司
電　　話／(02)2795-3656（代表號）
傳　　真／(02)2795-4100
登 記 證／局版北市業字第1446號
港澳總經銷／和平圖書有限公司
地　　址／香港柴灣嘉業街12號百樂門大廈17F
電　　話／(852)2804-6687
法律顧問／許晏賓律師
印 刷 廠／鴻運彩色印刷有限公司
出版日期／2010年 6 月　第一版第一刷

定價 280 元　港幣 93 元

ISBN 978-957-659-779-4　　Printed in Taiwan